今すぐ使えるかんたんmini

Imasugu Tsukaeru Kantan mini Series

Excel
ピボットテーブル

2019/2016/2013/Office 365 対応版

基本&便利技

JN011607

技術評論社

本書の使い方

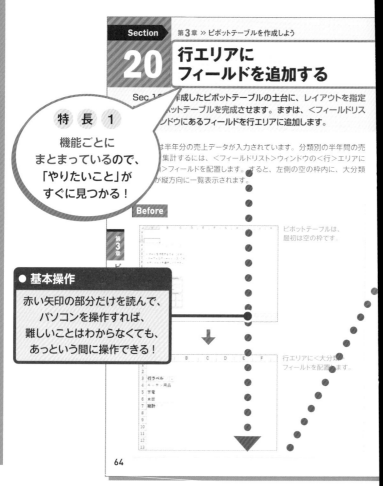

Section

第3章 ≫ ピボットテーブルを作成しよう

20 行エリアに フィールドを追加する

Sec. 1… 作成したピボットテーブルの土台に、レイアウトを指定 …ットテーブルを完成させます。まずは、＜フィールドリス …ンドウにあるフィールドを行エリアに追加します。

…は半年分の売上データが入力されています。分類別の半年間の売 …集計するには、＜フィールドリスト＞ウィンドウの＜行＞エリアに …＞フィールドを配置します。すると、左側の空の枠内に、大分類 …が縦方向に一覧表示されます。

Before

ピボットテーブルは、
最初は空の枠です。

行エリアに＜大分類…
フィールドを配置…ます。

特 長 1

機能ごとに
まとまっているので、
「やりたいこと」が
すぐに見つかる！

● 基本操作

赤い矢印の部分だけを読んで、
パソコンを操作すれば、
難しいことはわからなくても、
あっという間に操作できる！

64

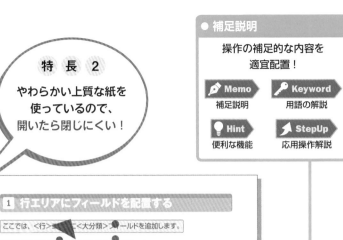

● 補足説明

操作の補足的な内容を
適宜配置！

特 長 2

やわらかい上質な紙を
使っているので、
開いたら閉じにくい！

🖊 **Memo**
補足説明

🔑 **Keyword**
用語の解説

💡 **Hint**
便利な機能

➤ **StepUp**
応用操作解説

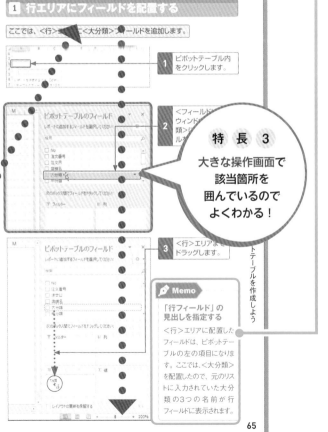

1 行エリアにフィールドを配置する

ここでは、＜行＞エリアに＜大分類＞フィールドを追加します。

1 ピボットテーブル内をクリックします。

2 ＜フィールド＞ウィンドウで＜大分類＞にマウスカーソルを合わせます。

特 長 3

大きな操作画面で
該当箇所を
囲んでいるので
よくわかる！

3 ＜行＞エリアまでドラッグします。

🖊 **Memo**

「行フィールド」の見出しを指定する

＜行＞エリアに配置したフィールドは、ピボットテーブルの左の項目になります。ここでは、＜大分類＞を配置したので、元のリストに入力されていた大分類の3つの名前が行フィールドに表示されます。

ピボットテーブルを作成しよう

65

3

サンプルファイルのダウンロード

● 本書で使用しているサンプルファイルは、以下のURLのサポート
ページからダウンロードすることができます。ダウンロードしたと
きは圧縮ファイルの状態なので、展開してから使用してください。

```
https://gihyo.jp/book/2020/978-4-297-10987-5/support
```

▼ サンプルファイルをダウンロードする

1 ブラウザー（ここではMicrosoft Edge）を起動します。

2 ここをクリックしてURLを入力し、Enterを押します。

3 表示された画面をスクロールし、<ダウンロード>にある
<サンプルファイル>をクリックして、

本書で解説しているプログラムのサンプルファイルをダウンロードでき
ます。
ダウンロードしたファイルを解凍してご利用ください。

ダウンロード ▼
サンプルファイル

ScanSnap
SV600
スキャナのイノベーション、始

さまざまな原稿を
カンタンに電子化

4 <保存>をクリックします。

mini_pivot_sample.zip (99.1 MB) について行う操作を選んでください。
場所: image.gihyo.co.jp

開く　保存　∧　キャンセル　×

5 ファイルがダウンロードされるので、<開く>をクリックします。

mini_pivot_sample.zip のダウンロードが完了しました。

開く　フォルダーを開く　ダウンロードの表示　×

▼ ダウンロードした圧縮ファイルを展開する

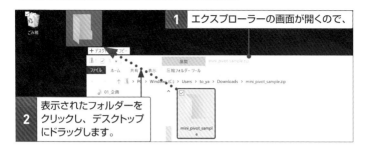

1 エクスプローラーの画面が開くので、

2 表示されたフォルダーをクリックし、デスクトップにドラッグします。

3 展開されたフォルダーがデスクトップに表示されます。

4 展開されたフォルダーをダブルクリックすると、

5 各章のフォルダーが表示されます。

🖊 Memo

保護ビューが表示された場合

サンプルファイルを開くと、図のようなメッセージが表示されます。＜編集を有効にする＞をクリックすると、本書と同様の画面表示になり、操作を行うことができます。

ここをクリックします。

編集を有効にする(E)

5

CONTENTS 目次

第1章 ピボットテーブルの基本

Section 01 **データ分析とは** 16
データ分析とは
データ分析の手法

Section 02 **Excelで行うデータ分析** 18
ピボットテーブルで分析する
関数で集計する
グラフで分析する

Section 03 **ピボットテーブルとは** 20
ピボットテーブルとは
リストをもとに作成する

Section 04 **ピボットテーブルでできること** 22
項目を入れ替えて集計する
比率や累計も集計できる
並べ替える
分析する
グラフ化する

Section 05 **ピボットテーブル作成の流れを知る** 26
リストを用意する
リストをテーブルに変換する
ピボットテーブルの土台を作る
項目をドラッグして集計表を作成する

第2章 ピボットテーブル作成の準備をしよう

Section 06 **ピボットテーブルのための元表とは** 30
リストとは

Section 07 **ピボットテーブルに不向きなリストのパターンを知る** 32
フィールド名がないリスト

空白行（列）があるリスト
1件分のデータを複数の行に入力したリスト
表記が揺れているリスト

Section 08 **新規にリストを用意する** 36
リストを作成する
フィールド名に書式を設定する

Section 09 **表をテーブルに変換する** 38
テーブルに変換する

Section 10 **空白行を削除する** 40
空白行を削除する

Section 11 **セルの結合を解除する** 42
結合したセルを検索する
セル結合を解除する

Section 12 **重複しているデータを削除するには** 46
重複データを削除する

Section 13 **表記の揺れを統一する** 48
データを抽出する

Section 14 **文字を置換する** 50
データを置換する

第3章 **ピボットテーブルを作成しよう**

Section 15 **ピボットテーブルと通常の表の関係を知る** 54
元の表とは別に作成される
目的に合わせて集計できる

Section 16 **ピボットテーブルの土台を作成する** 56
ピボットテーブルの土台を作成する

Section 17 **ピボットテーブルの各部の名称を知る** 58
ピボットテーブルの画面の名称と役割

Section 18 **フィールドとは** 60
フィールド
フィールド名

Section 19 **フィールドリストウィンドウの各部の名称を知る** 62
＜フィールドリスト＞ウィンドウ

Section 20 **行エリアにフィールドを追加する** 64
行エリアにフィールドを配置する

Section 21 **値エリアにフィールドを追加する** 66
値エリアにフィールドを配置する

Section 22 **列エリアにフィールドを追加する** 68
列エリアにフィールドを配置する

Section 23 **数値に「¥」と「,」を表示する** 70
集計結果に¥記号とカンマ記号を付ける

Section 24 **行エリアに複数のフィールドを追加する** 72
商品分類ごと商品ごとの売上を集計する
店舗別の分類ごとの売上の内訳を集計する

Section 25 **フィールドを入れ替えて別の角度から分析する** 76
フィールドを削除する
フィールドを移動する
フィールドを追加する

Section 26 **集計元のデータの追加を反映する** 80
リストにデータを追加する
ピボットテーブルの集計元を変更する

Section 27 **集計元のデータの変更を反映する** 84
データの修正を反映させる

Section 28 **ピボットテーブルを保存する** 86
ピボットテーブルを保存する

Section 29 **ピボットテーブルを白紙に戻す** 88
ピボットテーブルを白紙に戻す

データの集計／並べ替えをしよう

Section 30　**月単位で集計する～Excel 2019／2016**　　90
月単位に集計する

Section 31　**月単位で集計する～Excel 2013**　　92
月単位にグループ化する

Section 32　**四半期単位・週単位で集計する**　　94
四半期単位にグループ化する
週単位にグループ化する
グループ化を解除する

Section 33　**同種の商品をまとめて集計する**　　98
複数の商品をグループ化する
グループの名前を指定する
フィールド名を変更する

Section 34　**同価格帯の商品をまとめて集計する**　　104
価格帯ごとに集計する

Section 35　**売上順に並べ替える**　　106
分類の降順に並べ替える
分類内の商品名を降順に並べ替える
横方向に並べ替える

Section 36　**オリジナルのルールで商品を並べ替える**　　110
並び順の登録画面を表示する
項目の並び順を登録する
オリジナルの順番で並べ替える

Section 37　**任意の場所にドラッグ操作で並べ替える**　　114
ドラッグ操作で並べ替える

第5章 **データを抽出しよう**

Section 38 **チェックボックスでデータを抽出する** 116
特定の店舗を抽出する
特定の分類を抽出する
抽出条件を解除する

Section 39 **キーワードに一致するデータを抽出する** 120
指定の文字を含むデータを抽出する

Section 40 **売上トップ5を抽出する** 122
上位5項目を抽出する

Section 41 **一定額以上のデータを抽出する** 124
指定の値以上を抽出する

Section 42 **フィルターエリアでデータを抽出する** 126
＜フィルター＞エリアにフィールドを追加する
抽出条件を指定する
集計対象ごとにピボットテーブルを作成する

Section 43 **スライサーを使って一瞬でデータを抽出する** 130
スライサーを追加する
抽出条件を指定する
複数のスライサーを使用する

Section 44 **タイムラインでデータを抽出する** 134
タイムラインを追加する
抽出条件を指定する
抽出条件を変更する

Section 45 **ドリルダウンでデータを深堀りする** 138
種別の売上金額を確認する
商品の集計値を確認する
店舗の集計値を確認する

Section 46 **明細データを別シートに抽出する** 142
集計結果から元データを確認する

第6章 高度な集計をしよう

Section 47 **複数の集計を同時に行う** 144
売上数の合計を追加する
フィールドの並び順を変更する
表示位置を変更する

Section 48 **データの個数を集計する** 148
データの個数を集計する

Section 49 **売上構成比を集計する** 150
店舗別の売上構成比を表示する

Section 50 **前月比を集計する** 152
前月比を表示する

Section 51 **売上累計を集計する** 154
月ごとの累計を表示する

Section 52 **売上の順位を求める** 156
商品の売上順位を表示する

Section 53 **オリジナルの計算式で集計する** 158
消費税分を計算する
税抜き分を計算する

Section 54 **オリジナルの分類で集計する** 162
3つの商品の平均値を求める

第7章 見た目を整えて印刷しよう

Section 55 **レイアウトを設定する** 168
レポートのレイアウトを変更する

Section 56 **スタイルを設定する** 170
スタイルを変更する

Section 57 **フィールド名を変更する** 172
フィールド名を変更する

Section 58 **ピボットテーブルの空白セルに「0」を表示する** 174
空白セルに「0」を表示する

Section 59 **総計の表示／非表示を切り替える** 176
総計を非表示にする

Section 60 **小計の表示／非表示を切り替える** 178
小計を非表示にする

Section 61 **すべてのページに見出し行を付けて印刷する** 180
印刷タイトルを設定する

Section 62 **分類ごとにページを分けて印刷する** 182
印刷タイトルを設定する
店舗名ごとに改ページを指定する

第8章 **ピボットグラフを作成しよう**

Section 63 **ピボットグラフとは** 186
ピボットグラフの特徴

Section 64 **ピボットグラフの画面の名称と役割** 188
ピボットグラフの画面の名称と役割
＜フィールドリスト＞ウィンドウの名称と役割

Section 65 **ピボットグラフを作成する** 190
集合縦棒グラフを作成する
行と列を切り替える
グラフタイトルを追加する

Section 66 **クラフの位置とサイズを変更する** 194
ピボットグラフの位置とサイズを変更する

Section 67 **グラフのフィールドを入れ替える** 196
フィールドを削除する
フィールドを移動する
フィールドを追加する

Section 68 **グラフに表示するデータを絞り込む** 200
項目軸の表示を絞り込む

Section 69　**グラフの種類を変更する**　202
グラフの種類を変更する

Section 70　**グラフのスタイルを変更する**　204
スタイルを選択する

Section 71　**グラフのレイアウトを変更する**　206
レイアウトを選択する

Section 72　**ドリルダウンで詳細なグラフを表示する**　208
詳細データを表示する

付録	**困ったときのQ&A**

Section Q1　**「そのピボットテーブルのフィールド名は
正しくありません」と表示された**　210
見出し行の空白のセルをなくす

Section Q2　**「データソースの参照が正しくありません」
と表示された**　212
ピボットテーブルの元リストの範囲を確認する

Section Q3　**「現在選択されている部分は変更できません」
と表示された**　214
ピボットテーブルの集計結果を修正する

Section Q4　**「選択対象をグループ化することはできません」
と表示された**　216
文字列を日付に変換する

Section Q5　**セル内の改行を関数で削除するには**　219
CLEAN関数で改行を削除する

Section Q6　**不要な空白を関数で削除するには**　220
TRIM関数で空白を削除する

Section Q7　**文字の全角・半角を関数で統一するには**　221
JIS関数で半角文字を全角文字に変換する

索引　222

第 **1** 章

ピボットテーブルの
基本

Section 01 **データ分析とは**

Section 02 **Excelで行うデータ分析**

Section 03 **ピボットテーブルとは**

Section 04 **ピボットテーブルでできること**

Section 05 **ピボットテーブル作成の流れを知る**

01 データ分析とは

大量のデータから有用な情報を導き出す「データ分析」は、企業の経営戦略に欠かせません。Excelのピボットテーブルの操作を始める前に、データ分析の定義と代表的な手法を確認しましょう。

1 データ分析とは

データ分析は、膨大なデータの中から目的に沿った情報を抽出したり集計したりすることで、問題点や課題を発見し、今後の業務に生かす一連の作業です。IT技術の進歩により、膨大な在庫データや売上データなどが自動的に蓄積されるようになりました。しかし、データを蓄積しただけでは宝の持ち腐れです。「売上が減った」「売上が増えた」といった単純な集計だけでなく、「この月の売上が減ったのはどうしてか」「どの商品の売上が減ったのか」「どの店舗で売上が減っているのか」といったように、いろいろな角度から分析することで、問題点をあぶり出すことができます。蓄積したデータに潜む有用な情報を見つけ出すのが、データ分析といえるでしょう。

データの蓄積

↓

集計・分析

↓

問題点・課題
の発見

2 データ分析の手法

データ分析の手法にはいろいろありますが、ここでは、ビジネスで使われる代表的な5つの手法を紹介します。

① クロス集計

クロス集計は最も基本的なデータ分析の手法で、蓄積されたデータを商品名や店舗名、日付、年齢などのさまざまな属性別に集計します。複数の属性についての相関関係を分析したり、属性ごとに大まかなトレンドを把握したりするのに向いています。Excelのピボットテーブル機能を使うと、かんたんにクロス集計を行えます。

② ロジスティック回帰分析

ロジスティック回帰分析は、ある事象の発生確率を予測する分析手法です。病気が発生する確率の予測や、顧客の商品購入率の予測などに使われます。

③ アソシエーション分析

アソシエーション分析は、蓄積されたデータから関連性のあるデータを抽出し、相関関係を分析する手法です。「商品Aを購入した人の70%が商品Bも購入する」という具合に、ある決まった結果が起こる確率を調べることで、隠れた関連性を発見します。

④ 決定木分析

決定木分析は、1つの原因を元に仮説を何回も繰り返し、その結果から何通りもの予測を行う手法です。仮説を繰り返すことで経過がツリー構造になるので、ディシジョンツリーとも呼ばれます。

⑤ クラスター分析

クラスター分析は、多種多様のデータの中から性質が似ているものを集めてグループを作り、その特徴を分析する手法です。人の行動や商品、地域、企業などを分類し、作成したグループを「クラスター」と呼びます。

02 Excelで行うデータ分析

Excelでデータ分析を行うには、関数やグラフを利用する方法が
あります。また、ピボットテーブルを使うと、データ分析手法の1
つであるクロス集計をかんたんな操作で行えます。

1 ピボットテーブルで分析する

Excelのピボットテーブルを使うと、難しい計算式を作らなくても、マ
ウス操作だけでクロス集計表を作成できます。さらに、集計項目を自在
に入れ替えて、別の角度から集計し直したり、特定のデータだけを抽出
したりできます。

A3	▼ : × ✓ fx	合計 / 金額			
	A	B	C	D	E	F
1						
2						
3	合計 / 金額	列ラベル ▼				
4	行ラベル ▼	キッチン用品	家電	食器	総計	
5	横浜店	¥657,030	¥32,043,330	¥3,447,840	¥36,148,200	
6	新宿店	¥873,510	¥39,108,520	¥4,203,320	¥44,185,350	
7	新大阪店	¥807,840	¥39,151,530	¥2,463,010	¥42,422,380	
8	総計	¥2,338,380	¥110,303,380	¥10,114,170	¥122,755,930	
9						
10						

「店舗名」を縦軸、「大分類」を横軸に配置して売上金額を集計したクロ
ス集計表。ピボットテーブルを使えば、かんたんに作成できます。

2 関数で集計する

Excelの関数を使うと、特定の項目の合計や個数などの集計や、条件に一
致したデータの集計などが行えます。本書では、関数を使った集計の操作
は紹介していません。

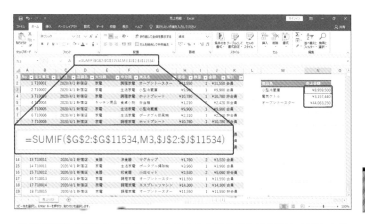

SUMIF関数を使うと、売上データの中から特定の商品の売上金額を合計できます。

3 グラフで分析する

表のデータをグラフ化すると、数値の羅列を見ているだけでは気づかない全体的な傾向を分析できます。通常のグラフ機能以外にも、ピボットテーブルで集計したデータをピボットグラフにして表すことができます。

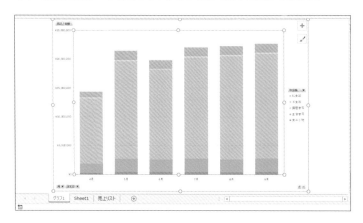

ピボットテーブルの集計結果をもとに、積み上げ縦棒グラフを作成すると、どの月も「調理家電」の売上が大きいことがひと目でわかります。

03 ピボットテーブルとは

ピボットテーブルとは、売上データやアンケート調査記録など、データが蓄積された「リスト」から「クロス集計」を行う機能です。ドラッグ操作だけでかんたんにクロス集計表を作成できます。

1 ピボットテーブルとは

ピボットテーブルは、一定のルールで集められた「リスト（ピボットテーブルの元になる表）」を元に、クロス集計表を作成する機能です。リストのデータをいろいろな角度から集計すると、全体の傾向や問題点などを分析できます。ピボットテーブルを使うと、集計したい項目を選択するだけでクロス集計表を作成できます。

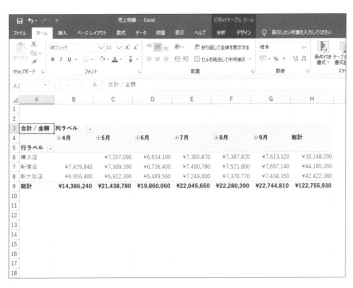

P.21上部のリストから作成したピボットテーブルです。リストの＜店舗名＞を行単位、＜注文日＞を列単位に配置してクロス集計を行っています。これにより、店舗ごとの月ごとの売上金額がひと目でわかります。

2 リストをもとに作成する

● リスト（ピボットテーブルのもとになる表）

売上明細リストには、日々の膨大なデータが蓄積されています。ただし、リストのデータを見ても、何がどのくらい売れているのかはわかりません。

No	注文番号	注文日	店舗名	大分類	中分類	商品名	価格	数量	金額	優別
1	T10001	2020/4/1	新宿店	家電	調理家電	オーブントースター	¥11,550	1	¥11,550	会員
2	T10002	2020/4/1	新宿店	家電	生活家電	小型冷蔵庫	¥9,900	1	¥9,900	会員
3	T10003	2020/4/1	新宿店	家電	調理家電	ホットプレート	¥10,780	1	¥10,780	非会員
4	T10004	2020/4/1	新宿店	キッチン用品	食卓小物	弁当箱	¥1,210	2	¥2,420	非会員
5	T10005	2020/4/1	新宿店	家電	生活家電	小型冷蔵庫	¥9,900	1	¥9,900	会員
6	T10006	2020/4/1	新宿店	家電	生活家電	ポータブル扇風機	¥2,310	1	¥2,310	会員
7	T10006	2020/4/1	新宿店	家電	調理家電	ホットプレート	¥10,780	1	¥10,780	非会員
8	T10007	2020/4/1	新宿店	家電	調理家電	ホットプレート	¥10,780	1	¥10,780	会員
9	T10008	2020/4/1	新宿店	食器	和食器	大皿セット	¥4,400	2	¥8,800	非会員
10	T10009	2020/4/1	新宿店	家電	調理家電	オーブントースター	¥11,550	1	¥11,550	会員
11	T10010	2020/4/1	新宿店	食器	和食器	大皿セット	¥4,400	1	¥4,400	非会員
12	T10011	2020/4/1	新宿店	食器	和食器	小皿セット	¥2,530	1	¥2,530	会員
13	T10011	2020/4/1	新宿店	食器	洋食器	マグカップ	¥1,760	2	¥3,520	会員
14	T10011	2020/4/1	新宿店	家電	生活家電	ポータブル掃除機	¥3,960	1	¥3,960	会員
15	T10012	2020/4/1	新宿店	食器	和食器	小皿セット	¥2,530	2	¥5,060	非会員
16	T10013	2020/4/1	新宿店	家電	調理家電	オーブントースター	¥11,550	1	¥11,550	会員
17	T10014	2020/4/1	新宿店	家電	調理家電	エスプレッソマシン	¥14,300	1	¥14,300	会員
18	T10015	2020/4/1	新宿店	家電	調理家電	オーブントースター	¥11,550	1	¥11,550	非会員
19	T10016	2020/4/1	新宿店	キッチン用品	食卓小物	弁当箱	¥1,210	1	¥1,210	会員

Sheet1　売上リスト

● ピボットテーブル

リストを元にピボットテーブルを作成すると、「どこで」「いつ」「いくら」売れているかを瞬時にクロス集計して確認できます。

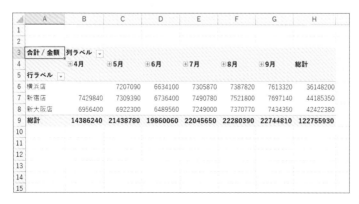

合計 / 金額	列ラベル						
	⊞4月	⊞5月	⊞6月	⊞7月	⊞8月	⊞9月	総計
行ラベル							
横浜店		7207090	6634100	7305870	7387820	7613320	36148200
新宿店	7429840	7309390	6736400	7490780	7521800	7697140	44185350
新大阪店	6956400	6922300	6489560	7249000	7370770	7434350	42422380
総計	14386240	21438780	19860060	22045650	22280390	22744810	122755930

04 ピボットテーブルでできること

ピボットテーブルは、集計結果を確認するだけでなく、集計項目を並べ替えたり入れ替えたりしながらデータを分析できます。ここでは、ピボットテーブルでできることを確認しましょう。

第1章 ピボットテーブルの基本

1 項目を入れ替えて集計する

ピボットテーブルの醍醐味は、作成した集計表を後からドラッグ操作だけで変更できることです。元のリストが同じでも、どの項目をどこに配置するかで、さまざまな集計表に変化します。

No	注文番号	注文日	店舗名	大分類	中分類	商品名	価格	数量	金額	種別
1	T10001	2020/4/1	新宿店	家電	調理家電	オーブントースター	¥11,550	1	¥11,550	会員
2	T10002	2020/4/1	新宿店	家電	生活家電	小型冷蔵庫	¥9,900	1	¥9,900	会員
3	T10003	2020/4/1	新宿店	家電	調理家電	ホットプレート	¥10,780	1	¥10,780	非会員
4	T10004	2020/4/1	新宿店	キッチン用品	食卓小物	弁当箱	¥1,210	2	¥2,420	非会員
5	T10005	2020/4/1	新宿店	家電	生活家電	小型冷蔵庫	¥9,900	1	¥9,900	会員
6	T10006	2020/4/1	新宿店	家電	生活家電	ポータブル扇風機	¥2,310	1	¥2,310	非会員
7	T10006	2020/4/1	新宿店	家電	調理家電	ホットプレート	¥10,780	1	¥10,780	会員
8	T10007	2020/4/1	新宿店	家電	調理家電	ホットプレート	¥10,780	1	¥10,780	会員
9	T10008	2020/4/1	新宿店	食器	和食器	大皿セット	¥4,400	2	¥8,800	非会員
10	T10009	2020/4/1	新宿店	家電	調理家電	オーブントースター	¥11,550	1	¥11,550	非会員
11	T10010	2020/4/1	新宿店	食器	和食器	大皿セット	¥4,400	1	¥4,400	会員
12	T10010	2020/4/1	新宿店	食器	和食器	小皿セット	¥2,530	1	¥2,530	会員
13	T10011	2020/4/1	新宿店	食器	洋食器	マグカップ	¥1,760	2	¥3,520	会員
14	T10011	2020/4/1	新宿店	家電	生活家電	ポータブル掃除機	¥3,960	1	¥3,960	会員
15	T10012	2020/4/1	新宿店	食器	和食器	小皿セット	¥2,530	2	¥5,060	非会員
16	T10013	2020/4/1	新宿店	家電	調理家電	オーブントースター	¥11,550	1	¥11,550	会員
17	T10014	2020/4/1	新宿店	家電	調理家電	エスプレッソマシン	¥14,300	1	¥14,300	会員
18	T10015	2020/4/1	新宿店	家電	調理家電	オーブントースター	¥11,550	1	¥11,550	非会員
19	T10016	2020/4/1	新宿店	キッチン用品	食卓小物	弁当箱	¥1,210	1	¥1,210	非会員

ピボットテーブルの元になるリストは1つです。このリストからさまざまな集計表を作成できます。

	A	B	C	D	E	F	G	H	I	J
1										
2										
3	行ラベル	合計 / 金額								
4	横浜店	36148200								
5	新宿店	44185350								
6	新大阪店	42422380								
7	総計	122755930								
8										

<店舗名>を行単位に並べると、店舗別の売上金額を集計したシンプルな集計表を作成できます。

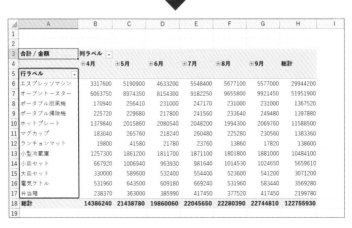

	A	B	C	D	E	F	G	H	I
1									
0									
3	合計 / 金額	列ラベル							
4		⊞4月	⊞5月	⊞6月	⊞7月	⊞8月	⊞9月	総計	
5	行ラベル								
6	横浜店		7207090	6634100	7305870	7387820	7613320	36148200	
7	新宿店	7429840	7309390	6736400	7490780	7521800	7697140	44185350	
8	新大阪店	6956400	6922300	6489560	7249000	7370770	7434350	42422380	
9	総計	14386240	21438780	19860060	22045650	22280390	22744810	122755930	
10									

店舗別の売上金額を月ごとに集計し直したいときも、いちからピボットテーブルを作成し直す必要はありません。作成済みの集計表に、<注文日>を追加します。

	A	B	C	D	E	F	G	H	I
1									
2									
3	合計 / 金額	列ラベル							
4		⊞4月	⊞5月	⊞6月	⊞7月	⊞8月	⊞9月	総計	
5	行ラベル								
6	エスプレッソマシン	3317600	5190900	4633200	5548400	5677100	5577000	29944200	
7	オーブントースター	6063750	8974350	8154300	9182250	9655800	9921450	51951900	
8	ポータブル扇風機	170940	256410	231000	247170	231000	231000	1367520	
9	ポータブル掃除機	225720	229680	217800	241560	233640	249480	1397880	
10	ホットプレート	1379840	2015860	2080540	2048200	1994300	2069760	11588500	
11	マグカップ	183040	265760	218240	260480	225280	230560	1383360	
12	ランチョンマット	19800	41580	21780	23760	13860	17820	138600	
13	小型冷蔵庫	1257300	1861200	1811700	1871100	1801800	1881000	10484100	
14	小皿セット	667920	1006940	963930	981640	1014530	1024650	5659610	
15	大皿セット	330000	589600	532400	554400	523600	541200	3071200	
16	電気ケトル	531960	643500	609180	669240	531960	583440	3569280	
17	弁当箱	238370	363000	385990	417450	377520	417450	2199780	
18	総計	14386240	21438780	19860060	22045650	22280390	22744810	122755930	
19									

視点を変えて、<店舗名>の代わりに<商品名>を行単位に追加すると、「何が」「いつ」「いくら」売れているかを集計する表に早変わりします。

2 比率や累計も集計できる

合計や平均、個数以外にも、比率や累計などの集計もマウス操作だけで行えます。また、オリジナルの数式を作成して、独自の集計を行うこともできます。

	A	B	C	D	E	F	G	H
1								
2								
3	合計 / 金額	列ラベル						
4		⊞4月	⊞5月	⊞6月	⊞7月	⊞8月	⊞9月	総計
5	行ラベル							
6	キッチン用品	1.79%	1.89%	2.05%	2.00%	1.76%	1.91%	1.90%
7	家電	90.00%	89.43%	89.31%	89.85%	90.33%	90.19%	89.86%
8	食器	8.21%	8.69%	8.63%	8.15%	7.91%	7.90%	8.24%
9	総計	100.00%	100.00%	100.00%	100.00%	100.00%	100.00%	100.00%
10								
11								
12								
13								
14								

3 並べ替える

ピボットテーブルの集計結果を並べ替えると、売れ筋商品や売上が低迷している商品を分析できます。

	A	B	C	D	E	F	G	H	I
1									
2									
3	合計 / 金額	列ラベル							
4		⊞4月	⊞5月	⊞6月	⊞7月	⊞8月	⊞9月	総計	
5	行ラベル								
6	オーブントースター	6063750	8974350	8154300	9182250	9655800	9921450	51951900	
7	エスプレッソマシン	3317600	5190900	4633200	5548400	5677100	5577000	29944200	
8	ホットプレート	1379840	2015860	2080540	2048200	1994300	2069760	11588500	
9	小型冷蔵庫	1257300	1861200	1811700	1871100	1801800	1881000	10484100	
10	小皿セット	667920	1006940	963930	981640	1014530	1024650	5659610	
11	電気ケトル	531960	643500	609180	669240	531960	583440	3569280	
12	大皿セット	330000	589600	532400	554400	523600	541200	3071200	
13	弁当箱	238370	363000	385990	417450	377520	417450	2199780	
14	ポータブル掃除機	225720	229680	217800	241560	233640	249480	1397880	
15	マグカップ	183040	265760	218240	260480	225280	230560	1383360	
16	ポータブル扇風機	170940	256410	231000	247170	231000	231000	1367520	
17	ランチョンマット	19800	41580	21780	23760	13860	17820	138600	
18	総計	14386240	21438780	19860060	22045650	22280390	22744810	122755930	
19									

4 分析する

ピボットテーブルの集計結果に気になる商品があれば、階層を掘り下げて詳細データを追いかけることができます。これにより、売上アップや低迷の原因などを探ることができます。

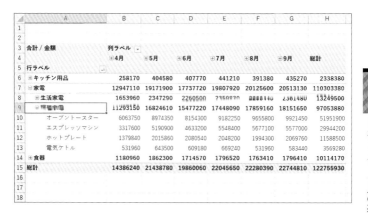

5 グラフ化する

ピボットテーブルからピボットグラフを作成すると、数値の大きさや推移、割合など、数値の全体的な傾向を把握しやすくなります。

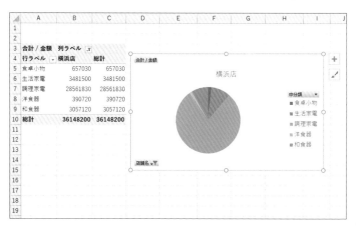

05 ピボットテーブル作成の流れを知る

ピボットテーブルで集計表を作成したり分析したりするには、一定の手順を守る必要があります。ここでは、ピボットテーブルを作成するときの操作の流れを確認しましょう。

第1章 ピボットテーブルの基本

1 リストを用意する

ピボットテーブルは、売上データなどのリストを元に作成します。リストの作成方法は、P.36 を参照してください。

	A	B	C	D	E	F	G	H	I	J	K
1	No	注文番号	注文日	店舗名	大分類	中分類	商品名	価格	数量	金額	種別
2	1	T10001	2020/4/1	新宿店	家電	調理家電	オーブントースター	¥11,550	1	¥11,550	会員
3	2	T10002	2020/4/1	新宿店	家電	生活家電	小型冷蔵庫	¥9,900	1	¥9,900	会員
4	3	T10003	2020/4/1	新宿店	家電	調理家電	ホットプレート	¥10,780	1	¥10,780	非会員
5	4	T10004	2020/4/1	新宿店	キッチン用品	食卓小物	弁当箱	¥1,210	2	¥2,420	非会員
6	5	T10005	2020/4/1	新宿店	家電	生活家電	小型冷蔵庫	¥9,900	1	¥9,900	会員
7	6	T10006	2020/4/1	新宿店	家電	生活家電	ポータブル扇風機	¥2,310	1	¥2,310	非会員
8	7	T10006	2020/4/1	新宿店	家電	調理家電	ホットプレート	¥10,780	1	¥10,780	非会員
9	8	T10007	2020/4/1	新宿店	家電	調理家電	ホットプレート	¥10,780	1	¥10,780	会員
10	9	T10008	2020/4/1	新宿店	食器	和食器	大皿セット	¥4,400	2	¥8,800	非会員
11	10	T10009	2020/4/1	新宿店	家電	調理家電	オーブントースター	¥11,550	1	¥11,550	非会員
12	11	T10010	2020/4/1	新宿店	食器	和食器	大皿セット	¥4,400	1	¥4,400	会員
13	12	T10011	2020/4/1	新宿店	食器	和食器	小皿セット	¥2,530	1	¥2,530	会員
14	13	T10011	2020/4/1	新宿店	食器	洋食器	マグカップ	¥1,760	2	¥3,520	会員

2 リストをテーブルに変換する

リストを「テーブル」に変換すると、書式や数式などが新しい行に自動的に引き継がれるので、データを入力するときに便利です。テーブルの詳細は P.38 を参照してください。

	A	B	C	D	E	F	G	H	I	J	K
1	No	注文番号	注文日	店舗名	大分類	中分類	商品名	価格	数量	金額	種別
2	1	T10001	2020/4/1	新宿店	家電	調理家電	オーブントースター	¥11,550	1	¥11,550	会員
3	2	T10002	2020/4/1	新宿店	家電	生活家電	小型冷蔵庫	¥9,900	1	¥9,900	会員
4	3	T10003	2020/4/1	新宿店	家電	調理家電	ホットプレート	¥10,780	1	¥10,780	非会員
5	4	T10004	2020/4/1	新宿店	キッチン用品	食卓小物	弁当箱	¥1,210	2	¥2,420	非会員
6	5	T10005	2020/4/1	新宿店	家電	生活家電	小型冷蔵庫	¥9,900	1	¥9,900	会員
7	6	T10006	2020/4/1	新宿店	家電	生活家電	ポータブル扇風機	¥2,310	1	¥2,310	非会員
8	7	T10006	2020/4/1	新宿店	家電	調理家電	ホットプレート	¥10,780	1	¥10,780	非会員
9	8	T10007	2020/4/1	新宿店	家電	調理家電	ホットプレート	¥10,780	1	¥10,780	会員
10	9	T10008	2020/4/1	新宿店	食器	和食器	大皿セット	¥4,400	2	¥8,800	非会員
11	10	T10009	2020/4/1	新宿店	家電	調理家電	オーブントースター	¥11,550	1	¥11,550	非会員
12	11	T10010	2020/4/1	新宿店	食器	和食器	大皿セット	¥4,400	1	¥4,400	会員
13	12	T10011	2020/4/1	新宿店	食器	和食器	小皿セット	¥2,530	1	¥2,530	会員
14	13	T10011	2020/4/1	新宿店	食器	洋食器	マグカップ	¥1,760	2	¥3,520	会員

3 ピボットテーブルの土台を作る

リストを元にしてピボットテーブルを作成します。すると、新しいシートに集計用の空の枠が表示されます。これがピボットテーブルの土台になります。

4 項目をドラッグして集計表を作成する

右側の画面で、項目を<行>や<列>などにドラッグすると、左側の空のピボットテーブルに集計結果が表示されます。右側の画面で項目を入れ替えたり集計方法を変更したりして、さまざまな角度から集計できます。

Column

分析のゴールを考える

Excelのピボットテーブルを使うと、簡単な操作で集計表を作成できますが、そもそも何のために集計するのかといった目的＝分析のゴールをはっきりさせておくことが必要です。ピボットテーブルの＜行＞や＜列＞に項目を配置するときに、以下の分析の軸を意識してみましょう。これらの軸を組み合わせることで、分析のゴールに合った集計表を作成できます。

①When（いつ）

・日付の項目を使って時間軸で分析します。時間軸に「月」を配置すれば季節に起因した売上動向、「年」を配置すれば長時間にわたる売上推移を分析できます。

②Where（どこで）

・店舗、地域、国といった地域属性で分析します。住所、都道府県、地域区分、店舗などの地域属性によって売上が異なるかどうかを分析できます。

③Who（だれが）

・部署や担当者、起用したタレントなど、主に人の属性で分析します。個人別の営業成績を分析したり、タレントによる売上効果を分析できます。

④What（なにを）

・商品やサービス、アンケートの結果などを分析します。売れ筋商品や売上が低迷している商品を探し出したり、お客様の満足度を分析できます。

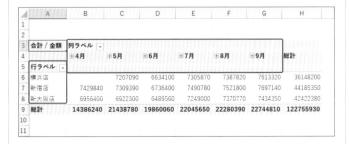

	A	B	C	D	E	F	G	H
1								
2								
3	合計 / 金額	列ラベル						
4		⊞4月	⊞5月	⊞6月	⊞7月	⊞8月	⊞9月	総計
5	行ラベル							
6	横浜店		7207090	6634100	7305870	7387820	7613320	36148200
7	新宿店	7429840	7309390	6736400	7490780	7521800	7697140	44185350
8	新大阪店	6956400	6922300	6489560	7249000	7370770	7434350	42422380
9	総計	14386240	21438780	19860060	22045650	22280390	22744810	122755930
10								
11								

第2章

ピボットテーブル 作成の準備をしよう

Section 06 ピボットテーブルのための元表とは

Section 07 ピボットテーブルに不向きなリストの
パターンを知る

Section 08 新規にリストを用意する

Section 09 表をテーブルに変換する

Section 10 空白行を削除する

Section 11 セルの結合を解除する

Section 12 重複しているデータを削除するには

Section 13 表記の揺れを統一する

Section 14 文字を置換する

06 ピボットテーブルのための元表とは

ピボットテーブルを作成するには、元になる表（リスト）が必要です。決まりごとを守ってリストを作成しないと、ピボットテーブルで正しく集計できないので注意しましょう。

1 リストとは

リストとは、ピボットテーブルの元になる表のことです。リストを作成するときは、ワークシートの1行目に見出しを入力し、2行目からデータを入力します。リストの途中に空白行や空白列を入れてはいけません。また、全角文字と半角文字が混在することがないように、データの種類を統一して入力します。

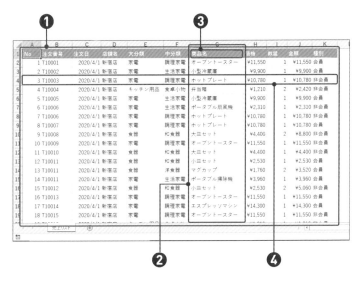

❶ リスト

決まりごとに沿って集めた表のことです。リストでは、1件分のデータを1行で入力します。

1つのワークシートに複数のリストを作成してはいけません。また、リストに隣接するセルに備考やメモなどを入力しないようにしましょう。

❷ フィールド

リスト内の列のことです。1つの列には同じ種類のデータが入ります。たとえば、「商品名」のフィールドには「オーブントースター」や「小型冷蔵庫」などの商品名だけを入力します。商品名以外のデータを入力してはいけません。

また、「マグカップ」と「ﾏｸﾞｶｯﾌﾟ」のように、同じ商品を異なる表記で入力すると、別々の商品と見なされるので注意します。

❸ フィールド名

列見出しの名前のことです。フィールド名は必ずリストの先頭行に入力します。フィールド名のセルには、2行目以降のデータ部分と異なる書式を付けると区別が明確になります。左ページのリストでは、1行目のフィールド名の背景を緑色、文字を白色にしています。ピボットテーブルを作成すると、＜フィールドリスト＞ウィンドウにリストのフィールド名が一覧表示されます。

❹ レコード

1件分のデータのことです。1件分のデータを複数行に分けて入力してはいけません。

✎ **Memo**

Excelが自動的にリスト範囲を認識する

リストとは、各列の先頭に見出し（フィールド名）があり、それぞれの見出しの下に同じ形式のデータが並んだ表のことです。

ピボットテーブルの機能を使うには、元の表がリスト形式で入力されていることが条件です。ルールを守ってリスト形式に作られた表は、その中の1つのセルを選択しただけで、Excelが自動的にリスト全体の範囲を認識します。

リスト形式で作られた表は、Excelのデータベース機能や集計機能を使って、並べ替えや抽出、集計などの操作を行えます。

07 ピボットテーブルに不向きな リストのパターンを知る

P.31で解説した決まりごとを守らないと、せっかくリストに入力したデータをピボットテーブルで集計できません。ここでは、リストの悪い例をいくつか紹介します。

1 フィールド名がないリスト

ピボットテーブルは、フィールド名を行や列に配置して集計するため、リストの先頭行には必ずフィールド名が必要です。フィールド名がないリストを元にピボットテーブルを作成すると、エラーのメッセージが表示されます。

G列のフィールド名が未入力の状態でピボットテーブルを作成すると・・・

フィールド名の入力を促すメッセージが表示されます。

2 空白行（列）があるリスト

たとえば、あるデータの「種別」が不明だというように、部分的に空白のセルがあるのはかまいませんが、リストの途中に空白行や空白列を挟んではいけません。空白行や空白列を区切りとして、異なるリストとして見なされるからです。

第2章 ピボットテーブル作成の準備をしよう

> 5行目に空白行があるリストを元にして
> ピボットテーブルを作成すると・・・

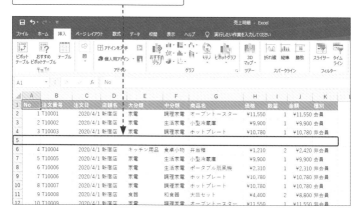

> 空白行の上側の1行目から4行までを
> リストとして認識します。

3 1件分のデータを複数の行に入力したリスト

リストを作成する際は、1件分のデータを1行で入力します。セルの中で Alt + Enter キーを押して改行したり、1件分のデータを複数の行に分けて入力したりすると、正しく集計できません。

商品名をセルの中で Alt + Enter キーを押して改行して入力すると・・・

「ポータブル扇風機」が2種類あると
判断して集計されます。

4 表記が揺れているリスト

同じデータを全角だったり半角だったり、漢字だったりひらがなだったりという具合にばらばらに入力すると、ピボットテーブルでは異なるデータとして扱われます。

「商品名」フィールドに全角文字の「マグカップ」と
半角文字の「ﾏｸﾞｶｯﾌﾟ」が混在していると・・・

	A	B	C	D	E	F	G	H	I	J	
1	No	注文番号	注文日	店舗名	大分類	中分類	商品名	価格	数量	金額	
2	1	T10001	2020/4/1	新宿店	家電	調理家電	オーブントースター	¥11,550	1	¥11,550	
3	2	T10002	2020/4/1	新宿店	家電	生活家電	小型冷蔵庫	¥9,900	1	¥9,900	
4	3	T10003	2020/4/1	新宿店	家電	調理家電	ホットプレート	¥10,780	1	¥10,780	
5	4	T10004	2020/4/1	新宿店	キッチン用品	良事小物	弁当箱	¥1,210	2	¥2,420	
6	5	T10005	2020/4/1	新宿店	家電	生活家電	小型冷蔵庫	¥9,900	1	¥9,900	
7	6	T10006	2020/4/1	新宿店	家電	生活家電	ポータブル扇風機	¥2,310	1	¥2,310	
8	7	T10006	2020/4/1	新宿店	家電	調理家電	ホットプレート	¥10,780	1	¥10,780	
9	8	T10007	2020/4/1	新宿店	家電	調理家電	ホットプレート	¥10,780	1	¥10,780	
10	9	T10008	2020/4/1	新宿店	食器	和食器	大皿セット	¥4,400	2	¥8,800	
11	10	T10009	2020/4/1	新宿店	家電	調理家電	オーブントースター	¥11,550	1	¥11,550	
12	11	T10010	2020/4/1	新宿店	食器	洋食器	ﾏｸﾞ ｶｯﾌﾟ	¥1,760	1	¥1,760	
13	12	T10011	2020/4/1	新宿店	食器	和食器	小皿セット	¥2,530	1	¥2,530	
14	13	T10011	2020/4/1	新宿店	食器	洋食器	マグカップ	¥1,760	2	¥3,520	
15	14	T10011	2020/4/1	新宿店	家電	生活家電	ポータブル掃除機	¥3,960	1	¥3,960	
16	15	T10012	2020/4/1	新宿店	食器	和食器	小皿セット	¥2,530	2	¥5,060	
17	16	T10013	2020/4/1	新宿店	家電	調理家電	オーブントースター	¥11,550	1	¥11,550	
18	17	T10014	2020/4/1	新宿店	家電	調理家電	エスプレッソマシン	¥14,300	1	¥14,300	
19	18	T10015	2020/4/1	新宿店	家電	調理家電	オーブントースター	¥11,550	1	¥11,550	

売上リスト ⊕

ピボットテーブルで集計したときに、「マグカップ」と
「ﾏｸﾞｶｯﾌﾟ」が別の商品として集計されます。

	A	B	C	D	E	F	G	H	I	J
1										
2										
3	行ラベル	合計 / 金額								
4	エスプレッソマシン	29944200								
5	オーブントースター	51951900								
6	ポータブル扇風機	1367520								
7	ポータブル掃除機	1397880								
8	ホットプレート	11588500								
9	ﾏｸﾞ ｶｯﾌﾟ	1760								
10	マグカップ	1383360								
11	ランチョンマット	138600								
12	小型冷蔵庫	10484100								
13	小皿セット	5659610								
14	大皿セット	3066800								
15	電気ケトル	3569280								
16	弁当箱	2199780								
17	総計	122753290								
18										

08 新規にリストを用意する

売上明細リストを例にして、実際にいちからリストを作成します。
売上データを入力するときにどんなフィールドが必要かを考えて、
事前にピックアップしておきましょう。

1 リストを作成する

1 1行目にフィールド名を入力し、列幅を適宜調整します。

2 2行目以降にデータを入力します。ここでは、J列の「金額」に「価格×数量」の数式を入力しています。

No	主文番号	主文日	店舗名	大分類	中分類	商品名	価格	数量	金額	種別
1	T10001	2020/4/1	新宿店	家電	調理家電	オーブントースター	¥11,550	1	¥11,550	会員
2	T10002	2020/4/1	新宿店	家電	生活家電	小型冷蔵庫	¥9,900	1	¥9,900	会員
3	T10003	2020/4/1	新宿店	家電	調理家電	ホットプレート	¥10,780	1	¥10,780	非会員
4	T10004	2020/4/1	新宿店	キッチン用品	食事小物	弁当箱	¥1,210	2	¥2,420	非会員
5	T10005	2020/4/1	新宿店	家電	生活家電	小型冷蔵庫	¥9,900	1	¥9,900	会員
6	T10006	2020/4/1	新宿店	家電	生活家電	ポータブル扇風機	¥2,310	1	¥2,310	非会員
7	T10006	2020/4/1	新宿店	家電	調理家電	ホットプレート	¥10,780	1	¥10,780	非会員
8	T10007	2020/4/1	新宿店	家電	調理家電	ホットプレート	¥10,780	1	¥10,780	会員
9	T10008	2020/4/1	新宿店	食器	和食器	大皿セット	¥4,400	2	¥8,800	非会員
10	T10009	2020/4/1	新宿店	家電	調理家電	オーブントースター	¥11,550	1	¥11,550	非会員
11	T10010	2020/4/1	新宿店	食器	和食器	大皿セット	¥4,400	1	¥4,400	非会員

✏ Memo

フィールド名を入力するには

フィールド名はピボットテーブルで何度も利用します。不足しているフィールドがないようにして、わかりやすいフィールド名を付けましょう。売上明細リストの作成には、いつ、どこで、何が、どれくらい売れたのかがわかるフィールド名を用意するといいでしょう。

✏ Memo

サンプルファイルのダウンロード

本書で解説している内容のファイルはダウンロードして入手することができます。詳しくはP.4〜5を参照してください。

2 フィールド名に書式を設定する

フィールド名には、2行目以降と違う書式を付けて区別します。
ここでは、フィールド名のセルの色や文字の色を変更します。

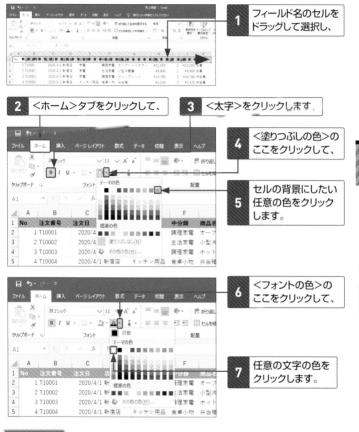

1 フィールド名のセルをドラッグして選択し、

2 <ホーム>タブをクリックして、

3 <太字>をクリックします。

4 <塗りつぶしの色>のここをクリックして、

5 セルの背景にしたい任意の色をクリックします。

6 <フォントの色>のここをクリックして、

7 任意の文字の色をクリックします。

📝 Memo

フィールド名に書式を付ける

ここでは、フィールド名のセルの色と文字の色を変更し、太字の飾りを付けましたが、どんな書式を付けるかは自由です。2行目以降と区別できる書式を付けておくと、Excelがフィールド名を自動的に認識します。

09 表をテーブルに変換する

**リストをテーブルに変換すると、リスト全体に書式が設定されて、
1件1件のデータを区別しやすくなります。ここでは、1行ずつ互
い違いに色が付くデザインのテーブルに変換します。**

ピボットテーブルの元になる大量のデータは、行単位に色を変えると視認
性が向上します。それには、リストをテーブルに変換するのがお勧めです。
テーブルとは、他のセルとは異なるデータのかたまりのことで、テーブルに
変換した状態からピボットテーブルを作成できます。ただし、テーブルに変
換してなくてもピボットテーブルの操作は可能です。

Before

No	注文番号	注文日	店舗名	大分類	中分類	商品名	価格	数量	金額	種別
1	T10001	2020/4/1	新宿店	家電	調理家電	オーブントースター	¥11,550	1	¥11,550	会員
2	T10002	2020/4/1	新宿店	家電	生活家電	小型冷蔵庫	¥9,900	1	¥9,900	会員
3	T10003	2020/4/1	新宿店	家電	調理家電	ホットプレート	¥10,780	1	¥10,780	非会員
4	T10004	2020/4/1	新宿店	キッチン用品	食卓小物	弁当箱	¥1,210	2	¥2,420	非会員
5	T10005	2020/4/1	新宿店	家電	生活家電	小型冷蔵庫	¥9,900	1	¥9,900	会員
6	T10006	2020/4/1	新宿店	家電	生活家電	ポータブル扇風機	¥2,310	1	¥2,310	非会員
7	T10006	2020/4/1	新宿店	家電	調理家電	ホットプレート	¥10,780	1	¥10,780	会員
8	T10007	2020/4/1	新宿店	家電	調理家電	ホットプレート	¥10,780	1	¥10,780	会員
9	T10008	2020/4/1	新宿店	食器	和食器	大皿セット	¥4,400	2	¥8,800	非会員
10	T10009	2020/4/1	新宿店	家電	調理家電	オーブントースター	¥11,550	1	¥11,550	非会員
11	T10010	2020/4/1	新宿店	食器	和食器	大皿セット	¥4,400	1	¥4,400	非会員

リストの大量のデータは、上下のレコードの判別がしにくい状態です。

After

No	注文番号	注文日	店舗名	大分類	中分類	商品名	価格	数量	金額	種別
1	T10001	2020/4/1	新宿店	家電	調理家電	オーブントースター	¥11,550	1	¥11,550	会員
2	T10002	2020/4/1	新宿店	家電	生活家電	小型冷蔵庫	¥9,900	1	¥9,900	会員
3	T10003	2020/4/1	新宿店	家電	調理家電	ホットプレート	¥10,780	1	¥10,780	非会員
4	T10004	2020/4/1	新宿店	キッチン用品	食卓小物	弁当箱	¥1,210	2	¥2,420	非会員
5	T10005	2020/4/1	新宿店	家電	生活家電	小型冷蔵庫	¥9,900	1	¥9,900	会員
6	T10006	2020/4/1	新宿店	家電	生活家電	ポータブル扇風機	¥2,310	1	¥2,310	非会員
7	T10006	2020/4/1	新宿店	家電	調理家電	ホットプレート	¥10,780	1	¥10,780	会員
8	T10007	2020/4/1	新宿店	家電	調理家電	ホットプレート	¥10,780	1	¥10,780	会員
9	T10008	2020/4/1	新宿店	食器	和食器	大皿セット	¥4,400	2	¥8,800	非会員
10	T10009	2020/4/1	新宿店	家電	調理家電	オーブントースター	¥11,550	1	¥11,550	非会員

リストをテーブルに変換すると、リスト全体に書式が設定されます。行
単位に色を付けるデザインを適用すると、上下のレコードを区別しやす
くなります。

1 テーブルに変換する

1 リスト内のセルをクリックし、

2 <ホーム>タブをクリックし、

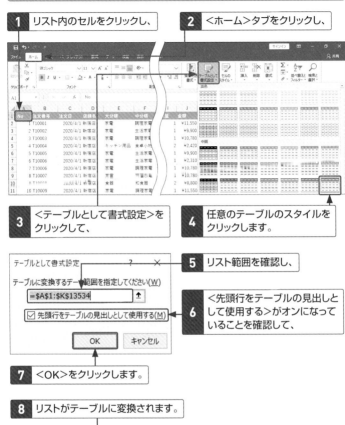

3 <テーブルとして書式設定>を
クリックして、

4 任意のテーブルのスタイルを
クリックします。

テーブルとして書式設定　　　　？　　×

テーブルに変換するデータ範囲を指定してください(W)

=$A$1:$K$13534　　　↑

☑ 先頭行をテーブルの見出しとして使用する(M)

OK　　キャンセル

5 リスト範囲を確認し、

6 <先頭行をテーブルの見出しと
して使用する>がオンになって
いることを確認して、

7 <OK>をクリックします。

8 リストがテーブルに変換されます。

No	注文番号	注文日	店舗名	大分類	中分類	商品名	価格	数量	金額	種別	
1	T10001	2020/4/1	新宿店	家電	調理家電	オーブントースター	¥11,550	1	¥11,550	会員	
2	T10002	2020/4/1	新宿店	家電	生活家電	小型冷蔵庫	¥9,900	1	¥9,900	会員	
3	T10003	2020/4/1	新宿店	家電	調理家電	ホットプレート	¥10,780	1	¥10,780	非会員	
4	T10004	2020/4/1	新宿店	キッチン用品	食卓小物	弁当箱	¥1,210	2	¥2,420	非会員	
5	T10005	2020/4/1	新宿店	家電	生活家電	小型冷蔵庫	¥9,900	1	¥9,900	会員	
6	T10006	2020/4/1	新宿店	家電	生活家電	ポータブル扇風機	¥2,310	1	¥2,310	非会員	
7	T10006	2020/4/1	新宿店	家電	調理家電	ホットプレート	¥10,780	1	¥10,780	非会員	
8	T10007	2020/4/1	新宿店	家電	調理家電	ホットプレート	¥10,780	1	¥10,780	会員	
9	T10008	2020/4/1	新宿店	食器	和食器	大皿セット	¥4,400	2	¥8,800	非会員	
10	T10009	2020/4/1	新宿店	家電	調理家電	オーブントースター	¥11,550	1	¥11,550	非会員	
11	T10010	2020/4/1	新宿店	食器	和食器	大皿セット	¥4,400	1	¥4,400	非会員	
12	T10011	2020/4/1	新宿店	食器	和食器	小皿セット	¥2,530	1	¥2,530	会員	
13	T10011	2020/4/1	新宿店	食器	洋食器	マグカップ	¥1,760	2	¥3,520	会員	
14	T10011	2020/4/1	新宿店	家電	生活家電	ポータブル掃除機	¥3,960	1	¥3,960	会員	
15	T10012	2020/4/1	新宿店	食器	和食器	小皿セット	¥2,530	2	¥5,060	非会員	

10 空白行を削除する

P.33で解説したように、リストの途中に空白行があると、空白行の上下で別々のリストと見なされて正しく集計できません。不要な空白行を削除しましょう。

ピボットテーブルの元になるリストは、途中に空白行がないようにしておきます。ただし、空白行を1つずつ探して削除するのは大変です。空白のセルを検索してからまとめて削除するといいでしょう。なお、P.38の操作でリストをテーブルに変換すると、空白行があっても問題ありません。

Before

4	3 T10003	2020/4/1 新宿店	家電	調理家電	ホットプレート	¥10,780	1	¥10,780 非会員
5	4 T10004	2020/4/1 新宿店	キッチン用品	食卓小物	弁当箱	¥1,210	2	¥2,420 非会員
6	5 T10005	2020/4/1 新宿店	家電	生活家電	小型冷蔵庫	¥9,900	1	¥9,900 会員
7	6 T10006	2020/4/1 新宿店	家電	生活家電	ポータブル扇風機	¥2,310	1	¥2,310 非会員
8	7 T10006	2020/4/1 新宿店	家電	調理家電	ホットプレート	¥10,780	1	¥10,780 非会員
9	8 T10007	2020/4/1 新宿店	家電	調理家電	ホットプレート	¥10,780	1	¥10,780 会員
10								
11	9 T10008	2020/4/1 新宿店	食器	和食器	大皿セット	¥4,400	2	¥8,800 非会員
12	10 T10009	2020/4/1 新宿店	家電	調理家電	オーブントースター	¥11,550	1	¥11,550 非会員
13	11 T10010	2020/4/1 新宿店	食器	和食器	大皿セット	¥4,400	1	¥4,400 非会員
14	12 T10011	2020/4/1 新宿店	食器	和食器	小皿セット	¥2,530	1	¥2,530 会員
15								
16	13 T10011	2020/4/1 新宿店	食器	洋食器	マグカップ	¥1,760	2	¥3,520 会員
17	14 T10011	2020/4/1 新宿店	家電	生活家電	ポータブル掃除機	¥3,960	1	¥3,960 会員

リスト内に空白行がいくつも存在している可能性があります。

After

4	3 T10003	2020/4/1 新宿店	家電	調理家電	ホットプレート	¥10,780	1	¥10,780 非会員
5	4 T10004	2020/4/1 新		卓小物	弁当箱	¥1,210	2	¥2,420 非会員
6	5 T10005	2020/4/1 新		活家電	小型冷蔵庫	¥9,900	1	¥9,900 会員
7	6 T10006	2020/4/1 新		活家電	ポータブル扇風機	¥2,310	1	¥2,310 非会員
8	7 T10006	2020/4/1 新		理家電	ホットプレート	¥10,780	1	¥10,780 非会員
9	8 T10007	2020/4/1 新		理家電	ホットプレート	¥10,780	1	¥10,780 会員
10								
11	9 T10008	2020/4/1 新宿店	食器	和食器	大皿セット	¥4,400	2	¥8,800 非会員
12	10 T10009	2020/4/1 新宿店	家電	調理家電	オーブントースター	¥11,550	1	¥11,550 非会員
13	11 T10010	2020/4/1 新宿店	食器	和食器	大皿セット	¥4,400	1	¥4,400 非会員
14	12 T10011	2020/4/1 新宿店	食器	和食器	小皿セット	¥2,530	1	¥2,530 会員
15								
16	13 T10011	2020/4/1 新宿店	食器	洋食器	マグカップ	¥1,760	2	¥3,520 会員
17	14 T10011	2020/4/1 新宿店	家電	生活家電	ポータブル掃除機	¥3,960	1	¥3,960 会員

削除ダイアログ: 削除 ○左方向にシフト(L) ○上方向にシフト(U) ●行全体(R) ○列全体(C) OK キャンセル

空白セルを検索すると、該当箇所が反転します。この状態で行全体を削除します。

1 空白行を削除する

1 P.83のMemoの操作でリスト全体を選択し、

2 Ctrl+Gキーを押します。

3 <セルの選択>をクリックし、

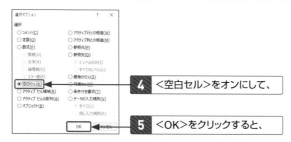

4 <空白セル>をオンにして、

5 <OK>をクリックすると、

6 リスト内の空白セルが選択されます。

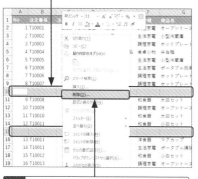

7 いずれかの空白セルを右クリックして<削除>をクリックし、

8 <行全体>をオンにして、

削除　　　　　　？　×

削除

○ 左方向にシフト(L)
○ 上方向にシフト(U)
⦿ 行全体(R)
○ 列全体(C)

OK　　　キャンセル

9 <OK>をクリックすると、空白行をまとめて削除できます。

第2章 ピボットテーブル作成の準備をしよう

41

11 セルの結合を解除する

リスト内に、複数のセルを1つに結合したセルがあると、正しく集計できません。ピボットテーブルを作成する前に、セルの結合を解除しておきましょう。

複数のセルを1つにまとめることを「セル結合」といいます。リスト内に複数の結合されたセルがある可能性がある場合は、<検索>機能を使って、結合したセルを探してからセル結合を解除すると効率的です。横方向、縦方向、縦横方向などに結合したセルを検索しながら解除できます。

Before

	A	B	C	D	E	F	G	H	I	J	K	L
1	No	注文番号	注文日	店舗名	大分類	中分類	商品名	価格	数量	金額	種別	
2	1	T10001	2020/4/1	新宿店	家電	調理家電	オーブントースター	¥11,550	1	¥11,550	会員	
3	2	T10002	2020/4/1	新宿店	家電	生活家電	小型冷蔵庫	¥9,900	1	¥9,900	会員	
4	3	T10003	2020/4/1	新宿店	家電	調理家電	ホットプレート	¥10,780	1	¥10,780	非会員	
5	4	T10004	2020/4/1	新宿店	キッチン用品	食卓小物	弁当箱	¥1,210	2	¥2,420	非会員	
6	5	T10005	2020/4/1	新宿店	家電	生活家電	小型冷蔵庫	¥9,900	1	¥9,900	会員	
7	6	T10006	2020/4/1	新宿店	家電	生活家電	ポータブル扇風機	¥2,310	1	¥2,310	非会員	
8	7	T10006	2020/4/1		家電	調理家電	ホットプレート	¥10,780	1	¥10,780	非会員	
9	8	T10007	2020/4/1	新宿店	家電	調理家電	ホットプレート	¥10,780	1	¥10,780	会員	
10	9	T10008	2020/4/1	新宿店	食器	和食器	大皿セット	¥4,400	2	¥8,800	非会員	
11	10	T10009	2020/4/1	新宿店	家電	調理家電	オーブントースター	¥11,550	1	¥11,550	非会員	
12	11	T10010	2020/4/1	新宿店	食器	和食器	大皿セット	¥4,400	1	¥4,400	非会員	
13	12	T10011	2020/4/1		食器	和食器	小皿セット	¥2,530	1	¥2,530	会員	
14	13	T10011	2020/4/1	新宿店	家電	半食器	マグカップ	¥1,760	2	¥3,520	会員	

リスト内に、結合されたセルがいくつも存在する可能性があります。

After

<セルを結合したセル>を検索してから、セルの結合を解除します。

1 結合したセルを検索する

1 リスト内をクリックします。

2 <ホーム>タブをクリックし、

3 <検索と選択>をクリックし、

4 <検索>をクリックします。

5 <オプション>をクリックし、

6 <書式>をクリックします。

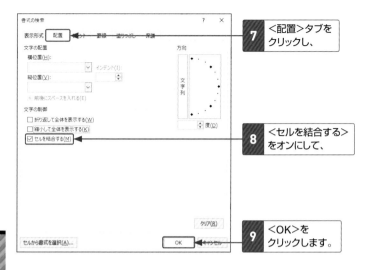

7 <配置>タブを
クリックし、

8 <セルを結合する(M)>
をオンにして、

9 <OK>を
クリックします。

10 <次を検索>を
クリックすると、

11 検索結果のセル（結合されたセル）が選択されます。

	A	B	C	D	E	F	G	H	I	J	K	L
1	No	注文番号	注文日	店舗名	大分類	中分類	商品名	価格	数量	金額	種別	
2	1	T10001	2020/4/1	新宿店	家電	調理家電	オーブントースター	¥11,550	1	¥11,550	会員	
3	2	T10002	2020/4/1	新宿店	家電	生活家電	小型冷蔵庫	¥9,900	1	¥9,900	非会員	
4	3	T10003	2020/4/1	新宿店	家電	調理家電	ホットプレート	¥10,780	1	¥10,780	非会員	
5	4	T10004	2020/4/1	新宿店	キッチン用品	食器						
6	5	T10005	2020/4/1	新宿店	家電	生活						
7	6	T10006		新宿店	家電	生活						
8	7	T10006	2020/4/1	新宿店	家電	調理						
9	8	T10007	2020/4/1	新宿店	家電	調理						
10	9	T10008	2020/4/1	新宿店	食器	和食						
11	10	T10009	2020/4/1	新宿店	家電	調理						
12	11	T10010	2020/4/1	新宿店	食器	和食						
13	12	T10011	2020/4/1	新宿店	食器	和食						
14	13	T10011	2020/4/1	新宿店	家電	半調						
15	14	T10011	2020/4/1	新宿店	家電	生活						
16	15	T10012	2020/4/1	新宿店	食器	和食器	小皿セット	¥7,530	2	¥5,060	非会員	
17	16	T10013	2020/4/1	新宿店	家電	調理家電	オーブントースター	¥11,550	1	¥11,550	会員	
18	17	T10014	2020/4/1	新宿店	家電	調理家電	エスプレッソマシン	¥14,300	1	¥14,300	会員	
19	18	T10015	2020/4/1	新宿店	家電	調理家電	オーブントースター	¥11,550	1	¥11,550	非会員	

2 セル結合を解除する

```
1  <ホーム>タブを
   クリックし、

2  <セルを結合して中央揃え>の
   ここをクリックし、
```

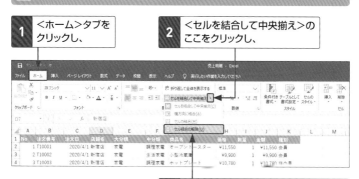

```
3  <セル結合の解除>をクリックすると、
```

```
4  セルの結合が解除されます。

5  リスト内の任意のセルをクリックし、
```

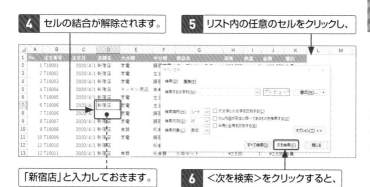

「新宿店」と入力しておきます。

```
6  <次を検索>をクリックすると、
```

```
7  検索結果のセル(結合され
   たセル)が選択されます。

8  1から6の操作を繰り返して、リスト
   内のすべてのセル結合を解除します。
```

12 重複しているデータを 削除するには

ピボットテーブルの元のリストに重複データがあると、正しい集計結果になりません。ここでは、<重複の削除>機能を使って、自動的に重複データを削除します。

複数のメンバーでリストにデータを入力していると、誤って同じデータを何度も入力してしまうことがあります。そうすると、実際の売上金額と集計結果に差異が生じます。<重複の削除>機能を使うと、重複データがあるかどうかをチェックして自動的に重複データを削除します。

Before

	A	B	C	D	E	F	G	H	I	J	K	L
1	No	注文番号	注文日	店舗名	大分類	中分類	商品名	価格	数量	金額	種別	
2	1	T10001	2020/4/1	新宿店	家電	調理家電	オーブントースター	¥11,550	1	¥11,550	会員	
3	2	T10002	2020/4/1	新宿店	家電	生活家電	小型冷蔵庫	¥9,900	1	¥9,900	会員	
4	3	T10003	2020/4/1	新宿店	家電	調理家電	ホットプレート	¥10,780	1	¥10,780	非会員	
5	4	T10004	2020/4/1	新宿店	キッチン用品	食卓小物	弁当箱	¥1,210	2	¥2,420	非会員	
6	5	T10005	2020/4/1	新宿店	家電	生活家電	小型冷蔵庫	¥9,900	1	¥9,900	会員	
7	6	T10006	2020/4/1	新宿店	家電	調理家電	ポータブル扇風機	¥2,310	1	¥2,310	非会員	
8	7	T10006	2020/4/1	新宿店	家電	調理家電	ホットプレート	¥10,780	1	¥10,780	会員	
9	8	T10007	2020/4/1	新宿店	家電	調理家電	ホットプレート	¥10,780	1	¥10,780	会員	
10	9	T10008	2020/4/1	新宿店	食器	和食器	大皿セット	¥4,400	2	¥8,800	非会員	
11	10	T10004	2020/4/1	新宿店	キッチン用品	食卓小物	弁当箱	¥1,210	2	¥2,420	非会員	
12	10	T10009	2020/4/1	新宿店	家電	調理家電	オーブントースター	¥11,550	1	¥11,550	非会員	

4件目と11件目に同じ注文番号のデータが入力されています。このままでは、2件分が集計結果に反映されてしまいます。

After

	A	B	C	D	E	F	G	H	I	J	K	L
1	No	注文番号	注文日	店舗名	大分類	中分類	商品名	価格	数量	金額	種別	
2	1	T10001	2020/4/1	新宿店	家電	調理家電	オーブントースター	¥11,550	1	¥11,550	会員	
3	2	T10002	2020/4/1	新宿店	家電	生活家電	小型冷蔵庫	¥9,900	1	¥9,900	会員	
4	3	T10003	2020/4/1	新宿店	家電	調理家電	ホットプレート	¥10,780	1	¥10,780	非会員	
5	4	T10004	2020/4/1	新宿店	キッチン用品	食卓小物	弁当箱	¥1,210	2	¥2,420	非会員	
6	5	T10005	2020/		Microsoft Excel						×	00	1	¥9,900	会員	
7	6	T10006	2020/									10	1	¥2,310	非会員	
8	7	T10006	2020/		重複する1個の値が見つかり、削除されました。一意の値が13533個残っています。							80	1	¥10,780	会員	
9	8	T10007	2020/									80	1	¥10,780	会員	
10	9	T10008	2020/				OK					00	2	¥8,800	非会員	
11	10	T10009	2020/4/1	新宿店	家電	調理家電	オーブントースター	¥11,550	1	¥11,550	非会員	
12	11	T10010	2020/4/1	新宿店	食器	和食器	大皿セット	¥4,400	1	¥4,400	会員	
13	12	T10011	2020/4/1	新宿店	食器	和食器	小皿セット	¥2,530	1	¥2,530	会員	

<重複の削除>機能を使うと、重複データを自動的に削除できます。

1 重複データを削除する

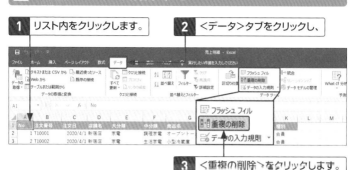

1 リスト内をクリックします。

2 <データ>タブをクリックし、

3 <重複の削除>をクリックします。

4 すべての列がオンになっていることを確認し、

5 <先頭行をデータの見出しとして使用する>がオンになっていることを確認して、

6 <OK>をクリックします。

重複する1個の値が見つかり、削除されました。一意の値が13533個残っています。

7 重複するデータの数が表示されたら、<OK>をクリックすると、

8 重複データが削除されました。

✒ Memo

バックアップを取っておく

<重複の削除>機能を利用すると、重複データをかんたんに削除できますが、必要なデータを間違って削除しまう危険性があります。データを削除する前にバックアップを取っておきましょう。

13 表記の揺れを統一する

「マグカップ」と「ﾏｸﾞ ｶｯﾌﾟ」のように半角文字と全角文字が混在すると、異なるデータと見なされて正しく集計できません。ここでは、半角文字を抽出して全角文字に修正します。

半角文字と全角文字、大文字と小文字、空白の有無などがばらばらに入力されていることを「表記が揺れる」といいます。表記が揺れたリストを元にピボットテーブルを作成すると、正しく集計できない場合があります。ピボットテーブルを作成する前に、「フィルター」機能を使って表記の揺れを修正します。

Before

1	No	注文番号	注文日	店舗名	大分類	中分類	商品名	価格	数量	金額	種別
2	1	T10001	2020/4/1	新宿店	家電	調理家電	オーブントースター	¥11,550	1	¥11,550	会員
3	2	T10002	2020/4/1	新宿店	家電	生活家電	小型冷蔵庫	¥9,900	1	¥9,900	会員
4	3	T10003	2020/4/1	新宿店	家電	調理家電	ホットプレート	¥10,780	1	¥10,780	非会員
5	4	T10004	2020/4/1	新宿店	キッチン用品	食卓小物	弁当箱	¥1,210	2	¥2,420	非会員
6	5	T10005	2020/4/1	新宿店	家電	生活家電	小型冷蔵庫	¥9,900	1	¥9,900	会員
7	6	T10006	2020/4/1	新宿店	家電	生活家電	ポータブル扇風機	¥2,310	1	¥2,310	非会員
8	7	T10006	2020/4/1	新宿店	家電	調理家電	ホットプレート	¥10,780	1	¥10,780	非会員
9	8	T10007	2020/4/1	新宿店	家電	調理家電	ホットプレート	¥10,780	1	¥10,780	会員
10	9	T10008	2020/4/1	新宿店	食器	洋食器	マグカップ	¥1,760	2	¥3,520	会員
11	10	T10009	2020/4/1	新宿店	家電	調理家電	オーブントースター	¥11,550	1	¥11,550	非会員
12	11	T10010	2020/4/1	新宿店	食器	和食器	大皿セット	¥4,400	1	¥4,400	非会員
13	12	T10011	2020/4/1	新宿店	食器	和食器	小皿セット	¥2,530	1	¥2,530	会員
14	13	T10011	2020/4/1	新宿店	食器	洋食器	ﾏｸﾞ ｶｯﾌﾟ	¥1,760	1	¥3,520	会員
15	14	T10011	2020/4/1	新宿店	家電	生活家電	ポータブル掃除機	¥3,960	1	¥3,960	会員

＜商品名＞フィールドに「マグカップ」と「ﾏｸﾞ ｶｯﾌﾟ」のように半角と全角の文字が混ざっています。このままデータを集計すると、別の分類として集計されます。

After

▲	A	B	C	D	E	F	G	H	I	J	K
1	No	注文番号	注文日	店舗名	大分類	中分類	商品名	価格	数量	金額	種別
14	13	T10011	2020/4/1	新宿店	食器	洋食器	ﾏｸﾞ ｶｯﾌﾟ	¥1,760	2	¥3,520	会員
145	144	T10132	2020/4/6	新宿店	食器	洋食器	ﾏｸﾞ ｶｯﾌﾟ	¥1,760	5	¥8,800	会員
313	312	T10284	2020/4/12	新宿店	食器	洋食器	ﾏｸﾞ ｶｯﾌﾟ	¥1,760	1	¥1,760	会員
7355	7354	T22194	2020/7/7	新大阪店	食器	洋食器	ﾏｸﾞ ｶｯﾌﾟ	¥1,760	1	¥1,760	会員
11697	11696	T32042	2020/7/24	横浜店	食器	洋食器	ﾏｸﾞ ｶｯﾌﾟ	¥1,760	2	¥3,520	会員
13535											

半角の「ﾏｸﾞ ｶｯﾌﾟ」のデータを抽出して、全角の「マグカップ」に修正します。

1 データを抽出する

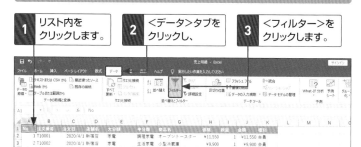

1 リスト内をクリックします。

2 <データ>タブをクリックし、

3 <フィルター>をクリックします。

4 <商品名>フィールドのここをクリックし、

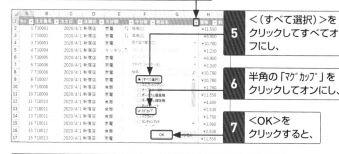

5 <(すべて選択)>をクリックしてすべてオフにし、

6 半角の「ﾏｸﾞｶｯﾌﾟ」をクリックしてオンにし、

7 <OK>をクリックすると、

8 半角の「ﾏｸﾞｶｯﾌﾟ」のデータが抽出されます。

9 該当セルをクリックして「ﾏｸﾞｶｯﾌﾟ」を「マグカップ」に修正します。

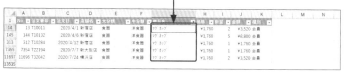

10 修正が終わったら、<商品名>フィールドのここをクリックし、

11 <"商品名"からフィルターをクリア>をクリックすると、全データが表示されます。

14 文字を置換する

リストの中に、同じ商品が「オーブントースター」と「トースター」のようにばらばらに入力されていると、異なる商品として集計されてしまいます。「置換」機能を使って修正します。

「オーブントースター」と「トースター」、「新宿店」と「新宿本店」はまったく異なるデータと認識され、ピボットテーブルでは、別々の項目として集計されます。置換機能を使うと、＜検索する文字列＞に指定した内容をリストから探して、＜置換後の文字列＞に指定した内容に置き換えることができます。

Before

	A	B	C	D	E	F	G	H	I	J	K	L
1	No	注文番号	注文日	店舗名	大分類	中分類	商品名	価格	数量	金額	種別	
2	1	T10001	2020/4/1	新宿店	家電	調理家電	オーブントースター	¥11,550	1	¥11,550	会員	
3	2	T10002	2020/4/1	新宿店	家電	生活小物	小型冷蔵庫	¥9,900	1	¥9,900	会員	
4	3	T10003	2020/4/1	新宿店	家電	調理家電	ホットプレート	¥10,780	1	¥10,780	非会員	
5	4	T10004	2020/4/1	新宿店	キッチン用品	食べ小物	弁当箱	¥1,210	2	¥2,420	非会員	
6	5	T10005	2020/4/1	新宿店	家電	生活家電	小型冷蔵庫	¥9,900	1	¥9,900	会員	
7	6	T10006	2020/4/1	新宿店	家電	生活家電	ポータブル扇風機	¥2,310	1	¥2,310	非会員	
8	7	T10006	2020/4/1	新宿店	家電	調理家電	ホットプレート	¥10,780	1	¥10,780	非会員	
9	8	T10007	2020/4/1	新宿店	家電	調理家電	ホットプレート	¥10,780	1	¥10,780	非会員	
10	9	T10008	2020/4/1	新宿店	食器	和食器	大皿セット	¥4,400	2	¥8,800	非会員	
11	10	T10009	2020/4/1	新宿店	家電	調理家電	トースター	¥11,550	1	¥11,550	非会員	
12	11	T10010	2020/4/1	新宿店	食器	和食器	大皿セット	¥4,400	1	¥4,400	非会員	

同じ商品で表記の異なるものがあります。このままデータを集計すると、別の商品として集計されてしまいます。

After

	A	B	C	D	E	F	G	H	I	J	K	L
4	3	T10003	2020/4/1	新宿店	家電	調理家電	ホットプレート	¥10,780	1	¥10,780	非会員	
5	4	T10004	2020/4/1	新宿店	キッチン用品	食べ小物	弁当箱	¥1,210	2	¥2,420	非会員	
6	5	T10005	2020/4/1	新宿店	家電	生活家電	小型冷蔵庫	¥9,900	1	¥9,900	会員	
7	6	T10006	2020/4/1	新宿店	家電	生活家電	ポータブル扇風機	¥2,310	1	¥2,310	非会員	
8	7	T10006	2020/4/1	新宿店	家電	調理家電	ホットプレート	¥10,780	1	¥10,780	非会員	
9	8	T10007	2020/4/1	新宿店	家電	調理家電	ホットプレート	¥10,780	1	¥10,780	非会員	
10	9	T10008	2020/4/1	新宿店	食器	和食器	大皿セット	¥4,400	2	¥8,800	非会員	
11	10	T10009	2020/4/1	新宿店	家電	調理家電	オーブントースター	¥11,550	1	¥11,550	非会員	
12	11	T10010	2020/4/1	新宿店	食器	和食器	大皿セット	¥4,400	1	¥4,400	会員	
13	12	T10011	2020/4/1	新宿店	食器	和食器	小皿セット	¥2,530	1	¥2,530	会員	
14	13	T10011	2020/4/1	新宿店	食器	洋食器	マグカップ	¥1,760	2	¥3,520	会員	

置換機能を使用して「トースター」を「オーブントースター」に修正しました。これなら、同じ商品として集計できます。

1 データを置換する

1 A1セルをクリックします。

2 <ホーム>タブをクリックし、

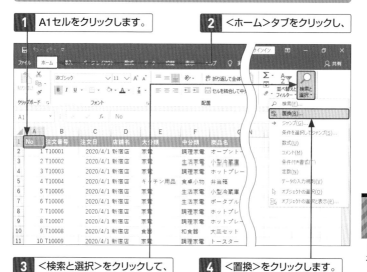

3 <検索と選択>をクリックして、

4 <置換>をクリックします。

5 <オプション>をクリックし、

> **Hint**
>
> **ひとつずつ置き換える**
>
> 置き換えるデータを1つずつ確認しながら操作をするには、手順**8**の後で<次を検索>をクリックして<置換>をクリックします。

6 <検索する文字列>に「トースター」と入力し、

7 <置換後の文字列>に「オーブントースター」と入力し、

8 <セル内容が完全に同一であるものを検索する>をオンにして、

9 <すべて検索>をクリックします。

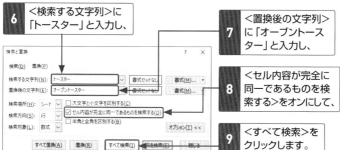

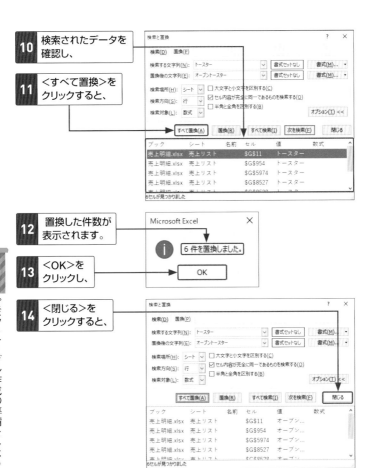

10 検索されたデータを確認し、

11 <すべて置換>をクリックすると、

12 置換した件数が表示されます。

13 <OK>をクリックし、

14 <閉じる>をクリックすると、

15 「トースター」が「オーブントースター」に置換されます。

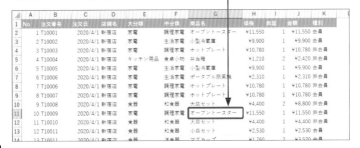

第3章

ピボットテーブルを
作成しよう

Section 15　ピボットテーブルと通常の表の関係を知る

Section 16　ピボットテーブルの土台を作成する

Section 17　ピボットテーブルの各部の名称を知る

Section 18　フィールドとは

Section 19　フィールドリストウィンドウの各部の
　　　　　　名称を知る

Section 20　行エリアにフィールドを追加する

Section 21　値エリアにフィールドを追加する

Section 22　列エリアにフィールドを追加する

Section 23　数値に「¥」と「,」を表示する

Section 24　行エリアに複数のフィールドを追加する

Section 25　フィールドを入れ替えて別の角度から分析する

Section 26　集計元のデータの追加を反映する

Section 27　集計元のデータの変更を反映する

Section 28　ピボットテーブルを保存する

Section 29　ピボットテーブルを白紙に戻す

15 ピボットテーブルと 通常の表の関係を知る

ピボットテーブルの機能を利用するには、「リスト」と呼ばれる元の
表が必要です。リストとピボットテーブルはそれぞれ別のシートに
表示されます。ここでは、2つの表の関係性を知りましょう。

1 元の表とは別に作成される

ピボットテーブルは、「リスト（ピボットテーブルの元になる表）」とは
別のシートにクロス集計表を作成し、その中でさまざまな分析を行いま
す。元のリストを直接操作して集計するわけではありません。

Before

15	14 T10011	2020/4/1 新宿店	家電		生活家電	ポータブル掃除
16	15 T10012	2020/4/1 新宿店	食器		和食器	小皿セット
17	16 T10013	2020/4/1 新宿店	家電		調理家電	オーブントース
18	17 T10014	2020/4/1 新宿店	家電		調理家電	エスプレッソ
19	18 T10015	2020/4/1 新宿店	家電		調理家電	オーブントース

売上リスト ⊕

「売上リスト」シートにリストを作成しておきます。

After

14			
15			
16			
17			
18			
19			

Sheet1 売上リスト ⊕

準備完了

「売上リスト」シートを元にしてピボットテーブルを作成すると、「Sheet1」と
いう新しいシートに集計表が表示されます。

第3章 ピボットテーブルを作成しよう

2 目的に合わせて集計できる

ピボットテーブルを作成しても、最初は空の枠が表示されるだけです。
リストのデータをどのように分析したいか、何が知りたいかという目的
に合わせて集計表を作成します。

Before

ピボットテーブルの作成直後は、空の枠が表示されるだけです。

After

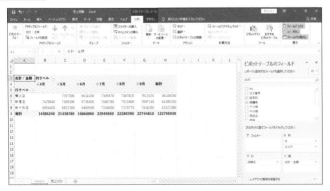

リストの項目をピボットテーブルの行や列などに配置することによって、自分
が知りたいことがわかる集計表を作成できます。

16 ピボットテーブルの土台を作成する

雑貨店の売上リストを元に、ピボットテーブルの土台を作成します。
ピボットテーブルの土台を作成すると、元のリストとは別のシート
に白紙の集計表が表示されます。

ピボットテーブルで集計表を作成するには、最初に、土台となる白紙のピボッ
トテーブルを用意します。土台を作成するには、Sec.06で解説したルール
に沿ったリストが必要です。リスト形式になっているかかどうか確認してお
きましょう。

Before

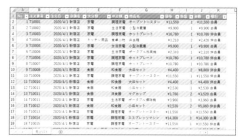

「売上リスト」シー
トを元にしてピボッ
トテーブルを作成
します。

After

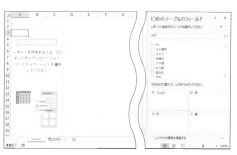

新しいシート（ここ
では「Sheet1」）に
ピボットテーブルの
土台が表示されま
す。

1 ピボットテーブルの土台を作成する

ピボットテーブルの元のリストがある
ワークシート (ここでは「売上リスト」
シート) を開いておきます。

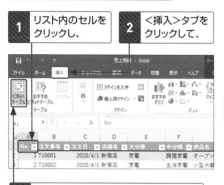

1 リスト内のセルを
クリックし、

2 <挿入>タブを
クリックして、

3 <ピボットテーブル>をクリックします。

📝 **Memo**

**おすすめピボット
テーブル機能もある**

手順**2**の後で<挿入>
タブの<おすすめピボット
テーブル>をクリックして
作成することもできます。

📝 **Memo**

**通常のリストからピボット
テーブルを作成できる**

テーブルに変換していな
いリストを元にピボット
テーブルを作成すると、
手順**4**にリストのセル
範囲が表示されます。

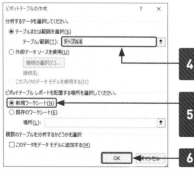

4 テーブル (ここでは「テーブル
1」) または範囲を確認し、

5 ピボットテーブルの配置場所
(ここでは<新規ワークシート>)
を選択して、

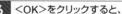

6 <OK>をクリックすると、

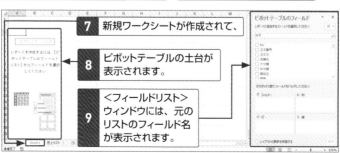

7 新規ワークシートが作成されて、

8 ピボットテーブルの土台が
表示されます。

9 <フィールドリスト>
ウィンドウには、元の
リストのフィールド名
が表示されます。

第3章 ピボットテーブルを作成しよう

57

17 ピボットテーブルの各部の名称を知る

ピボットテーブルの画面は、集計表が表示される左側の<ピボットテーブル>と、フィールドを配置する右側の<フィールドリスト>に大別できます。ここでは、画面の各部の名称と役割を知りましょう。

1 ピボットテーブルの画面の名称と役割

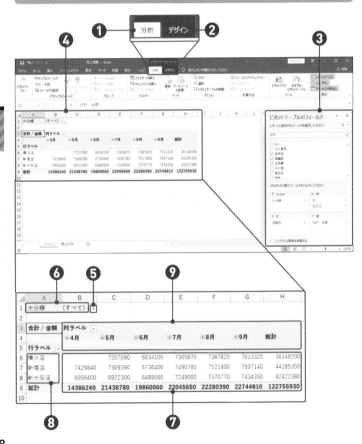

第3章 ピボットテーブルを作成しよう

❶ <分析>タブ

ピボットテーブルをクリックしたときに表示されるタブです。集計結果
の絞り込みや集計方法の変更、ピボットグラフの作成など、ピボットテー
ブルを詳細に分析する機能が集まっています。Office 365などでは、<ピ
ボットテーブル分析>タブと表示されることがあります。

❷ <デザイン>タブ

ピボットテーブルをクリックしたときに表示されるタブです。ピボット
テーブルのデザインや小計や総計の表示 / 非表示など、ピボットテーブ
ルの外観などを変更する機能が集まっています。

❸ <フィールドリスト>ウィンドウ

ピボットテーブルの元になるリストの1行目に入力されたフィールド名
が一覧表示されます。詳細は Sec.19 を参照してください。

❹ ピボットテーブル

<フィールドリスト>ウィンドウに配置したフィールドを使って集計し
た結果が表示されます。

❺ フィルターボタン

フィールドの項目を絞り込むときに使います。<値>フィールド以外の
フィールドで利用できます。

❻ フィルターフィールド

<フィルター>エリアに配置したフィールドが表示されます。

❼ 値フィールド

<値>エリアに配置したフィールドが表示されます。

❽ 行フィールド

<行>エリアに配置したフィールドが表示されます。

❾ 列フィールド

<列>エリアに配置したフィールドが表示されます。

18 フィールドとは

フィールドとは、ピボットテーブルの元になるリストの各列のことです。列の見出しをフィールド名といいます。ピボットテーブルの操作でよく使う用語なので、しっかり覚えておきましょう。

1 フィールド

下図のE列の「大分類」やG列の「商品名」、H列の「価格」など、リストの各列のことを「フィールド」と呼びます。フィールドには同じ種類のデータが入ります。たとえば、「商品名」のフィールドには商品名だけを入力します。商品名以外のデータを入力してはいけません。

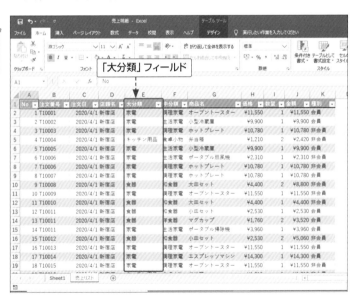

2 フィールド名

フィールド名は、リストの1行目に入力した見出しの名前のことです。
フィールド名は必ずリストの先頭行に入力します。フィールド名のセル
には、2行目以降のデータ部分と異なる書式を付けると区別が明確にな
ります。

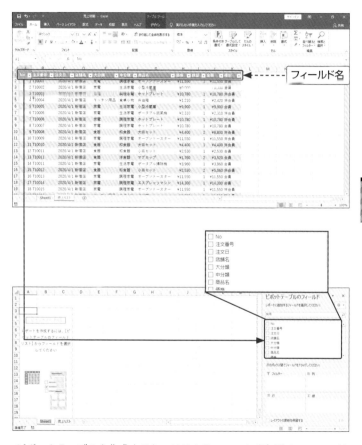

ピボットテーブルを作成すると、リストのフィールド名が<フィールド
リスト>ウィンドウに一覧表示されます。このフィールド名を<フィル
ター>エリア、<列>エリア、<行>エリア、<値>エリアに配置して
集計表を作成します。

19 フィールドリストウィンドウの各部の名称を知る

ピボットテーブルは、右側の<フィールドリスト>ウィンドウでフィールドを配置した通りに集計されます。<フィールドリスト>ウィンドウは、ピボットテーブルの操作の「肝」になる場所です。

1 <フィールドリスト>ウィンドウ

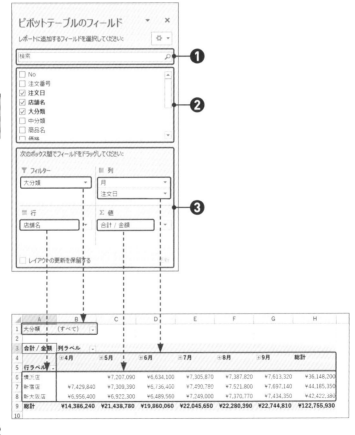

❶ 検索ボックス

検索ボックスにキーワードを入力して、フィールドセクションの一覧からフィールドを検索します。

❷ フィールドセクション

元のリストのフィールド名が一覧表示されます。

❸ エリアセクション

＜フィルター＞エリア、＜列＞エリア、＜行＞エリア、＜値＞エリアの4つのエリアで構成されます。

📝 Memo

必要なエリアだけを使う

エリアセクションには、＜フィルター＞エリア、＜列＞エリア、＜行＞エリア、＜値＞エリアの4つのエリアがありますが、すべてのエリアを使う必要はありません。必要なエリアだけに＜フィールドセクション＞からフィールドをドラッグして配置します。

📝 Memo

＜フィールドリスト＞ウィンドウが見えないときは

＜フィールドリスト＞ウィンドウが表示されていない場合は、ピボットテーブルをクリックし、＜ピボットテーブルツール＞-＜分析＞タブの＜フィールドリスト＞をクリックします。＜分析＞タブはOffice 365などでは＜ピボットテーブル分析＞タブと表示されることがあります。

20 行エリアに フィールドを追加する

Sec.16で作成したピボットテーブルの土台に、レイアウトを指定して、ピボットテーブルを完成させます。まずは、＜フィールドリスト＞ウィンドウにあるフィールドを＜行＞エリアに追加します。

リストには半年分の売上データが入力されています。分類別の半年間の売上金額を集計するには、＜フィールドリスト＞ウィンドウの＜行＞エリアに＜大分類＞フィールドを配置します。すると、左側の空の枠内に、大分類の名前が縦方向に一覧表示されます。

Before

ピボットテーブルは、
最初は空の枠です。

After

行エリアに＜大分類＞
フィールドを配置します。

第3章 ピボットテーブルを作成しよう

1 行エリアにフィールドを配置する

ここでは、<行>エリアに<大分類>フィールドを追加します。

1 ピボットテーブル内をクリックします。

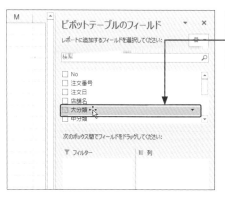

2 <フィールドリスト>ウィンドウの<大分類>にマリスカーソルを合わせて、

3 <行>エリアまでドラッグします。

Memo

「行フィールド」の見出しを指定する

<行>エリアに配置したフィールドは、ピボットテーブルの左の項目になります。ここでは、<大分類>を配置したので、元のリストに入力されていた大分類の3つの名前が行フィールドに表示されます。

21 値エリアに フィールドを追加する

Sec.20で作成したピボットテーブルの＜値＞エリアに数値の
フィールドを追加すると、シンプルな集計表を作成できます。ここ
では、＜値＞エリアに＜金額＞フィールドを追加します。

Sec.20の操作で、行エリアにフィールドを配置しただけでは集計結果は表
示されません。ピボットテーブルで集計するには、＜値＞エリアにフィール
ドを配置します。＜値＞エリアに＜金額＞フィールドを追加して、店舗別の
売上金額を集計してみましょう。

Before

＜値＞エリアに＜金額＞
フィールドを追加すると…

After

大分類ごとの売上金額の
合計が集計されます。

1 値エリアにフィールドを配置する

ここでは、<値>エリアに<金額>フィールドを追加します。

1 <金額>にマウスカーソルを合わせて、

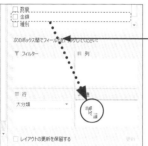

2 <値>エリアまでドラッグすると、

📝 Memo

集計するフィールドを指定する

数値データのフィールドを<値>エリアに配置すると、「合計」が集計されます。また、数値データ以外のフィールドを<値>エリアに配置すると<データの個数>が集計されます。

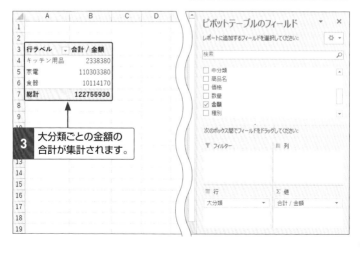

3 大分類ごとの金額の合計が集計されます。

⊿	A	B	C	D
1				
2				
3	行ラベル ▾	合計 / 金額		
4	キッチン用品	2338380		
5	家電	110303380		
6	食器	10114170		
7	総計	122755930		

22 列エリアに フィールドを追加する

Sec.21で作成したピボットテーブルに、＜列＞エリアを追加します。すると、＜行＞エリアと＜列＞エリアに配置したフィールドが交差する位置の金額を合計する**クロス集計表**になります。

ピボットテーブルでクロス集計表を作るには、＜行＞エリア、＜列＞エリア、＜値＞エリアの3つのエリアを使います。分類ごとの店舗別の売上金額を集計するには、＜列＞エリアに＜店舗名＞フィールドを追加します。

Before

	A	B	C	D	E	F	G	H
1								
2								
3	行ラベル	合計 / 金額						
4	キッチン用品	2338380						
5	家電	110303380						
6	食器	10114170						
7	総計	122755930						
8								
9								

＜列＞エリアに＜店舗名＞フィールドを追加すると・・・

After

	A	B	C	D	E	F	G
1							
2							
3	合計 / 金額	列ラベル					
4	行ラベル	横浜店	新宿店	新大阪店	総計		
5	キッチン用品	657030	873510	807840	2338380		
6	家電	32043330	39108520	39151530	110303380		
7	食器	3447840	4203320	2463010	10114170		
8	総計	36148200	44185350	42422380	122755930		
9							
10							

大分類ごとの店舗別の金額を合計するクロス集計表ができ上ります。

1 列エリアにフィールドを配置する

ここでは、<列>エリアに<店舗名>フィールドを追加します。

1 <店舗名>に マウスカーソルを 合わせて、

2 <列>エリアまでドラッグすると、

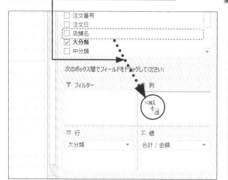

📝 **Memo**

「列フィールド」の 見出しを指定する

<列>エリアに配置した フィールドは、ピボットテー ブルの上部の項目になり ます。ここでは、<店舗名> を配置したので、元のリス トに入力されていた店舗 名の3つの名前が列 フィールドに表示されます。

3 大分類ごとの店舗別の金額の合計が集計されます。

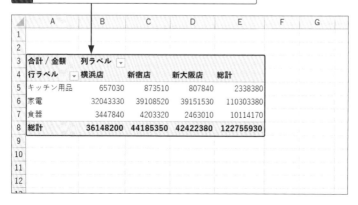

	A	B	C	D	E	F	G
1							
2							
3	合計 / 金額	列ラベル					
4	行ラベル	横浜店	新宿店	新大阪店	総計		
5	キッチン用品	657030	873510	807840	2338380		
6	家電	32043330	39108520	39151530	110303380		
7	食器	3447840	4203320	2463010	10114170		
8	総計	36148200	44185350	42422380	122755930		
9							
10							
11							
12							

第3章 ピボットテーブルを作成しよう

23 数値に「¥」と「,」を表示する

元のリストの数値に3桁ごとのカンマが付いていても、ピボットテーブルには反映されません。ここでは、Sec.22で作成したピボットテーブルの集計結果に¥記号とカンマ記号を付けます。

ピボットテーブルの集計結果に¥記号とカンマ記号を付けるには、記号を付けたいフィールドの<値フィールドの設定>ダイアログボックスで表示形式を指定します。<通貨>をクリックしてオンにすると、数値に¥などの通貨記号とカンマを同時に付けることができます。<ホーム>タブから設定すると、ピボットテーブルを変更したときに正しく表示されない場合があるので注意しましょう。

Before

ピボットテーブルの作成直後は、集計結果に¥記号やカンマ記号が付いていないので、数値が読みづらい状態です。

After

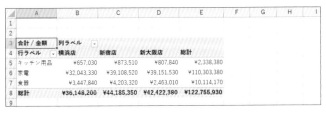

集計結果に¥記号とカンマ記号を付けると、数値が読みやすくなります。

1 集計結果に¥記号とカンマ記号を付ける

ここでは、<値>エリアに配置した<金額>に¥記号とカンマ記号を付けます。

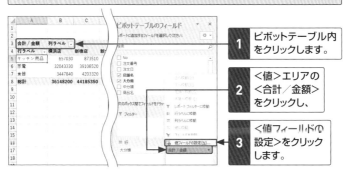

1 ピボットテーブル内をクリックします。

2 <値>エリアの<合計／金額>をクリックし、

3 <値フィールドの設定>をクリックします。

Hint

カンマだけを付けるには

手順**5**で<分類>の<数値>をクリックし、<桁区切り(,)を使用する>をクリックしてオンにすると、カンマだけを付けることができます。

4 <表示形式>をクリックします。

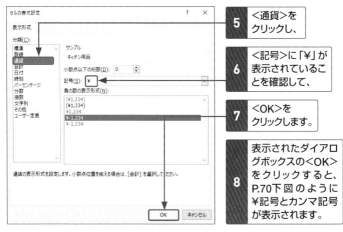

5 <通貨>をクリックし、

6 <記号>に「¥」が表示されていることを確認して、

7 <OK>をクリックします。

8 表示されたダイアログボックスの<OK>をクリックすると、P.70下図のように¥記号とカンマ記号が表示されます。

行エリアに複数の
フィールドを追加する

<エリアセクション>にある4つのエリアには、それぞれ複数のフィールドを追加できます。ここでは、<行>エリアに<大分類>と<中分類>と<商品名>を追加して、階層のある集計表を作成します。

<行>エリアや<列>エリアに複数のフィールドを配置するときは、フィールドの中でより大きな分類を上に配置するのがポイントです。ここでは、<行>エリアに配置した<大分類>の下に<中分類>と<商品名>の順で配置します。すると、分類や商品名ごとの集計結果が表示されます。

Before

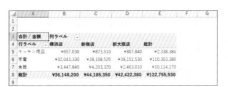

大分類ごとの店舗別の
売上金額の合計が表示
されています。商品分
類を細分化して集計結
果を見てみましょう。

After

<行>エリアの<大分類>の下に<中分類>フィールドを追加します。
すると、商品分類を細分化した集計結果が表示されます。

1 商品分類ごと商品ごとの売上を集計する

ここでは、<行>エリアに<中分類>フィールドと
<商品名>フィールドを追加します。

> **1** ピボットテーブル内
> をクリックします。

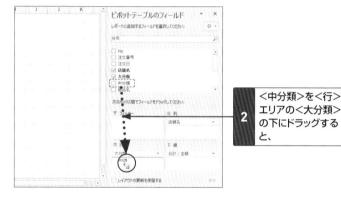

> **2** <中分類>を<行>
> エリアの<大分類>
> の下にドラッグする
> と、

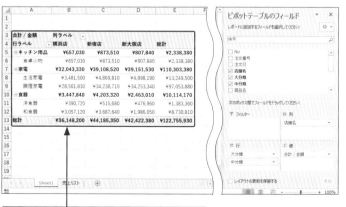

3 中分類ごとの集計結果が表示されました。

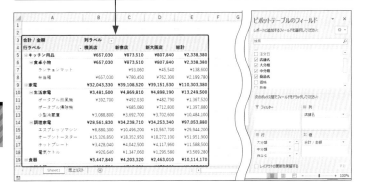

4 <商品名>を<行>エリアの
<中分類>の下にドラッグすると、

5 <大分類><中分類><商品名>の順に3階層で整理された集計結果が表示されます。

	A	B	C	D	E	F	G
3	合計 / 金額	列ラベル					
4	行ラベル	横浜店	新宿店	新大阪店	総計		
5	⊟キッチン用品	¥657,030	¥873,510	¥807,840	¥2,338,380		
6	⊟食卓小物	¥657,030	¥873,510	¥807,840	¥2,338,380		
7	ランチョンマット		¥93,060	¥45,540	¥138,600		
8	弁当箱	¥657,030	¥780,450	¥762,300	¥2,199,780		
9	⊟家電	¥32,043,330	¥39,108,520	¥39,151,530	¥110,303,380		
10	⊟生活家電	¥3,481,500	¥4,869,810	¥4,898,190	¥13,249,500		
11	ポータブル照明機	¥392,700	¥492,030	¥482,790	¥1,367,520		
12	ポータブル掃除機		¥685,080	¥712,800	¥1,397,880		
13	小型冷蔵庫	¥3,088,800	¥3,692,700	¥3,702,600	¥10,484,100		
14	⊟調理家電	¥28,561,830	¥34,238,710	¥34,253,340	¥97,053,880		
15	エスプレッソマシン	¥8,880,300	¥10,496,200	¥10,567,700	¥29,944,200		
16	オーブントースター	¥15,326,850	¥18,352,950	¥18,272,100	¥51,951,900		
17	ホットプレート	¥3,428,040	¥4,042,500	¥4,117,960	¥11,588,500		
18	電気ケトル	¥926,640	¥1,347,060	¥1,295,580	¥3,569,280		
19	⊟食器	¥3,447,840	¥4,203,320	¥2,463,010	¥10,114,170		

StepUp

分類を示すフィールドがない場合は

元のリストに商品名の分類を示すフィールドがない場合は、あとから分類に相当するグループを作成して集計します（Sec.33参照）。

Hint

下の階層を展開する

<行>エリアに複数のフィールドを配置したときに、下の階層が折りたたまれた状態で表示されることがあります。フィールド名の先頭の⊞をクリックすると、下の階層を展開できます。

3	合計 / 金額	列ラベル
4	行ラベル	横浜店
5	⊟キッチン用品	¥657,030
6	⊞食卓小物	¥657,030
7	⊞家電	¥32,043,330
8	⊞食器	¥3,447,840
9	総計	¥36,148,200

2 店舗別の分類ごとの売上の内訳を集計する

ここでは、<行>エリアに<店舗名>を移動します。

1 <中分類>をクリックして、オフにします。

2 <商品名>をクリックして、オフにします。

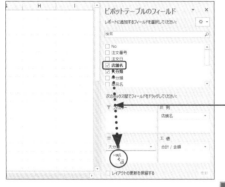

3 <店舗名>を<行>エリアの<大分類>の上にドラッグすると、

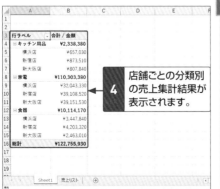

4 店舗ごとの分類別の売上集計結果が表示されます。

💡 **Hint**

分類ごとの店舗別の集計結果を表示する

大分類ごとの店舗別の売上集計結果を表示するには、<行>エリアに<大分類>→<店舗名>の順番でフィールドを並べます。フィールドの順番が違うだけで、データから読み取れる内容が異なります。

第3章 ピボットテーブルを作成しよう

75

25 フィールドを入れ替えて別の角度から分析する

作成したピボットテーブルは、エリアセクションの各エリアに配置するフィールドをあとから入れ替えることができます。フィールドを入れ替えるたびに、集計表がダイナミックに変化します。

大量のデータを分析するには、さまざまな視点からデータを読み取ることが大切です。ピボットテーブルの「ピボット」には「軸回転する」という意味があります。そのため<行>エリアや<列>エリアなどを軸に見立て、フィールドを回転するようにドラッグ操作で自由に入れ替えることができます。

Before

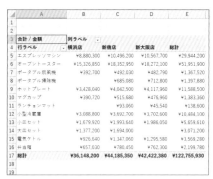

商品ごとの店舗別の売上金額を集計した結果を、店舗ごとに会員が購入した金額に集計し直します。

After

店舗ごとに会員と非会員の金額を集計するピボットテーブルに変更しました。

1 フィールドを削除する

ここでは、<行>エリアから<商品名>を削除します。

1 ピボットテーブル内をクリックします。

2 <商品名>をクリックして、オフにすると、

3 商品名のフィールドが削除され、集計表の形が変わります。

📝 Memo

ドラッグで削除する

<フィールドリスト>ウィンドウの<行>エリアの<商品名>を枠の外にドラッグして削除することもできます。このとき、マウスポインターの先端に表示される✕を目安にするとよいでしょう。

💡 Hint

レイアウトを元に戻す

ピボットテーブルのレイアウトは、あとから何度でも変更できます。レイアウトを変更した直後に元のレイアウトに戻すには、クイックアクセスツールバーの<元に戻す>をクリックします。

2 フィールドを移動する

ここでは、<店舗名>を<行>エリアに移動します。

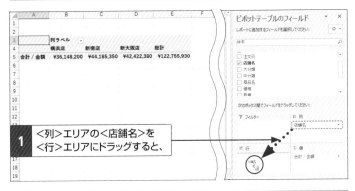

1 <列>エリアの<店舗名>を<行>エリアにドラッグすると、

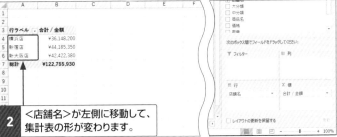

2 <店舗名>が左側に移動して、集計表の形が変わります。

📝 Memo

クリックで移動する

<フィールドリスト>ウィンドウの<列>エリアに配置した<店舗名>をクリックして、表示されるメニューの<行ラベルに移動>をクリックしてフィールドを移動することもできます。

3 フィールドを追加する

ここでは、<列>エリアに<種別>を追加します。

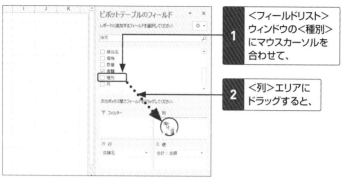

1　<フィールドリスト>ウィンドウの<種別>にマウスカーソルを合わせて、

2　<列>エリアにドラッグすると、

3　<種別>が<列>エリアに表示され、集計表の形が変わります。

	A	B	C	D
1				
2				
3	合計 / 金額	列ラベル		
4	行ラベル	会員	非会員	
5	横浜店	¥22,921,690	¥13,226,510	¥36,148,200
6	新宿店	¥28,464,150	¥15,721,200	¥44,185,350
7	新大阪店	¥23,144,440	¥19,277,940	¥42,422,380
8	総計	¥74,530,280	¥48,225,650	¥122,755,930
9				
10				
11				
12				
13				
14				

4　店舗ごとに会員と非会員の売上金額の合計が表示されます。

StepUp

クリックで追加する

フィールド名の先頭の□をクリックし、オンにして配置することもできます。このとき、数値データのフィールドは自動的に<値>エリアに配置されますが、それ以外のフィールドは<行>エリアに配置されます。

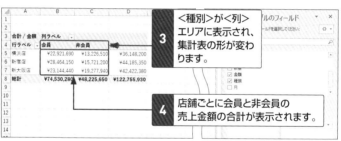

26 集計元のデータの追加を 反映する

ピボットテーブルの元のリストにデータを追加しても、ピボットテーブルの集計結果には反映されません。元のリストにデータを追加したあとに、手動でリスト範囲を修正する操作が必要です。

ピボットテーブルは、P.57の<ピボットテーブルの作成>ダイアログボックスで設定したセル範囲のデータを使って集計しています。そのため、あとから元のリストにデータを追加した場合は、リストの範囲を指定し直す操作が必要です。この操作を忘れると、正しい集計結果にならないので注意しましょう。

Before

元のリストに1件のデータを追加します。しかし、データを追加しただけでは、ピボットテーブルの集計結果に反映されません。

After

元のリストの範囲を指定し直すと、追加したデータを含む集計結果に更新されます。

1 リストにデータを追加する

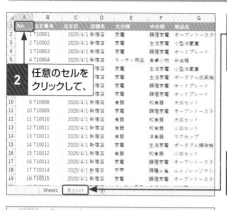

1 元のリストのシート（ここでは「売上リスト」シート）をクリックし、

2 任意のセルをクリックして、

3 End+↓ または Ctrl+↓ を押します。

4 リストの最終行にジャンプします。

5 最終行の下のセルをクリックします。

6 1件分の新しいデータを追加します。

	A	B	C	D	E	F	G	H	I	J	K	L
13525	13524	T33781	2020/9/30	横浜店	家電	調理家電	エスプレッソマシン	¥14,300	1	¥14,300	会員	
13526	13525	T33782	2020/9/30	横浜店	家電	調理家電	オーブントースター	¥11,550	1	¥11,550	非会員	
13527	13526	T33783	2020/9/30	横浜店	キッチン用品	食卓小物	弁当箱	¥1,210	1	¥1,210	非会員	
13528	13527	T33784	2020/9/30	横浜店	食器	和食器	小皿セット	¥2,530	1	¥2,530	非会員	
13529	13528	T33785	2020/9/30	横浜店	家電	調理家電	オーブントースター	¥11,550	1	¥11,550	非会員	
13530	13529	T33786	2020/9/30	横浜店	家電	調理家電	エスプレッソマシン	¥14,300	1	¥14,300	会員	
13531	13530	T33787	2020/9/30	横浜店	家電	調理家電	エスプレッソマシン	¥14,300	2	¥28,600	会員	
13532	13531	T33787	2020/9/30	横浜店	家電	調理家電	オーブントースター	¥11,550	1	¥11,550	会員	
13533	13532	T33788	2020/9/30	横浜店	家電	調理家電	オーブントースター	¥11,550	1	¥11,550	非会員	
13534	13533	T33789	2020/9/30	横浜店	家電	調理家電	オーブントースター	¥11,550	1	¥11,550	会員	
13535	13534	T33790	2020/10/1	横浜店	キッチン用品	食卓小物	弁当箱	¥1,210	1	¥1,210	会員	
13536												
13537												
13538												
13539												
13540												

2 ピボットテーブルの集計元を変更する

1 ピボットテーブルのシート（ここでは「Sheet1」シート）をクリックします。

2 ピボットテーブルには、追加したデータが反映されていません。

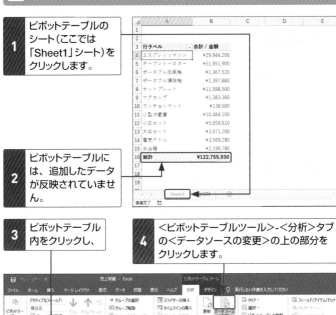

3 ピボットテーブル内をクリックし、

4 <ピボットテーブルツール>-<分析>タブの<データソースの変更>の上の部分をクリックします。

5 <テーブル／範囲>には、追加した＋データが含まれていないことがわかります。

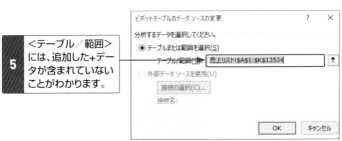

ピボットテーブルのデータ ソースの変更　　　　　　？　×

分析するデータを選択してください。

● テーブルまたは範囲を選択(S)

　　テーブル/範囲(T)　売上リスト!$A$1:$K$13534　↑

○ 外部データ ソースを使用(U)

　　接続の選択(C)...

　　接続名:

OK　　キャンセル

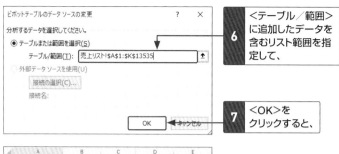

6 に追加したデータを含むリスト範囲を指定して、

7 <OK>をクリックすると、

8 ピボットテーブルに追加したデータの集計が反映されました。

📝 Memo

リスト全体を素早く選択するには

手順 6 では、追加したデータを含めたリスト全体を選択します。リスト範囲が大きくてドラッグ操作で選択しづらい場合は、ショートカットキーを使うと便利です。まず、リストの左上角のセル (A1 セル) をクリックし、Ctrl + Shift + ↓ を押します。左端の列 (A列) が選択されたら、続いて Ctrl + Shift + → を押すと、リスト全体を選択できます。

💡 Hint

テーブルからピボットテーブルを作成している場合

テーブルからピボットテーブルを作成している場合は、最終行にデータを追加すると、自動的にリストの範囲が広がります。追加したデータを集計結果に反映させるには、<ピボットテーブルツール>-<分析>タブの<更新>をクリックします。元のリストの作り方によって、集計結果の反映方法が異なるので注意しましょう。

27 集計元のデータの変更を反映する

ピボットテーブルの元のリストのデータを修正しても、ピボットテーブルには反映されません。ここでは、任意の店舗の「弁当箱」の売上数を変更し、その変更をピボットテーブルに反映させます。

ピボットテーブルの元のリストのデータを修正したあとに、ピボットテーブル側で更新の操作を行います。<ピボットテーブルツール>-<分析>タブの<更新>ボタンをクリックするだけで、あっという間に修正内容がピボットテーブルに反映されます。変更されたことがわかるように更新前の数値を確認しておきましょう。

Before

ピボットテーブルの元のリストの内容を変更しています。しかし、元のリストを修正しただけでは、ピボットテーブルの集計結果には反映されません。

¥780,450

After

ピボットテーブルのデータを更新すると、修正したデータが集計結果に反映されます。ここでは、「弁当箱」1個分の金額が追加されています。

¥781,660

1 データの修正を反映させる

1 元のリストのシート（ここでは「売上リスト」シート）を選択し、

2 リストのI5セル（「新宿店」の「弁当箱」の数量）を「2」から「3」に修正します。

3 J5セルの金額が「¥2,420」から「¥3,630」（プラス¥1,210）に変わります。

4 ピボットテーブルのシート（ここでは「Sheet1」シート）をクリックします。

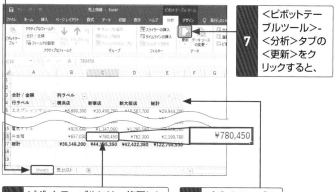

7 <ピボットテーブルツール>-<分析>タブの<更新>をクリックすると、

5 ピボットテーブルには、修正したデータが反映されていません。

6 ピボットテーブル内をクリックし、

8 ピボットテーブルに修正したデータの集計が反映されました。ここでは、「新宿店」の「弁当箱」の集計結果が「¥780,450」から「¥781,660」（プラス¥1,210)に変わります。

28 ピボットテーブルを保存する

ピボットテーブルの集計結果を保存します。Excelで作成したブックを保存するのと同じ操作でファイルを保存すると、元のリストと共にピボットテーブルの集計表を保存できます。

ピボットテーブルで作成した集計表を残しておきたいときは、ブックごと保存します。ピボットテーブルを単独で保存することはできません。<ファイル>タブの<名前を付けて保存>をクリックして保存先とファイル名を指定すると、もとのリストとピボットテーブルの集計結果をまとめて保存できます。

Before

ピボットテーブルで集計した結果を保存します。

After

保存の操作を行うと、ブックに含まれるすべてのシートを保存できます。

1 ピボットテーブルを保存する

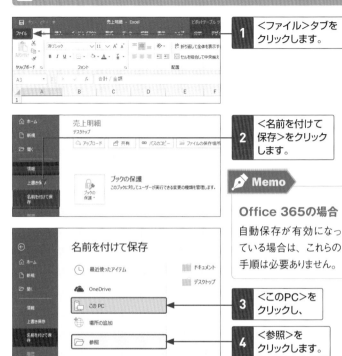

1 <ファイル>タブをクリックします。

2 <名前を付けて保存>をクリックします。

📝 Memo

Office 365の場合

自動保存が有効になっている場合は、これらの手順は必要ありません。

3 <このPC>をクリックし、

4 <参照>をクリックします。

5 保存先(ここでは「ドキュメント」)を選択し、

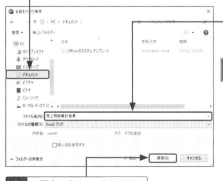

6 ファイル名を入力して、

💡 Hint

上書き保存するには

クイックアクセスツールバーの<上書き保存>をクリックすると、元のリストを保存したときと同じ名前で保存されます。

7 <保存>をクリックします。

29 ピボットテーブルを白紙に戻す

ピボットテーブルに配置したフィールドをすべて削除して、白紙の
ピボットテーブルに戻します。手動で1つずつ各エリアからフィー
ルドを削除するよりも、まとめて削除できるのでかんたんです。

1 ピボットテーブルを白紙に戻す

1 ピボットテーブル内をクリックし、

2 <ピボットテーブルツール>-<分析>タブをクリックし、

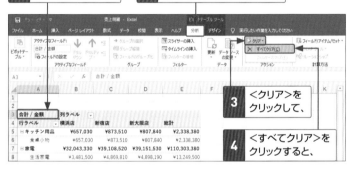

3 <クリア>をクリックして、

4 <すべてクリア>をクリックすると、

第3章 ピボットテーブルを作成しよう

> 💡 **Hint**
>
> **ピボットテーブルを削除する**
>
> ピボットテーブル自体を丸ごと削除するには、ピボットテーブル内をクリックし、<ピボットテーブルツール>-<分析>タブの<選択>→<ピボットテーブル全体>をクリックしてから Delete キーを押します。

5 白紙のピボットテーブルが表示されます。

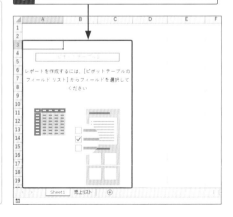

第4章

データの集計／
並べ替えをしよう

Section 30　月単位で集計する　～Excel2019／2016

Section 31　月単位で集計する　～Excel2013

Section 32　四半期単位・週単位で集計する

Section 33　同種の商品をまとめて集計する

Section 34　同価格帯の商品をまとめて集計する

Section 35　売上順に並べ替える

Section 36　オリジナルのルールで商品を並べ替える

Section 37　任意の場所にドラッグ操作で並べ替える

30 月単位で集計する ～Excel 2019／2016

Excel 2019／2016では、元のリストに日単位の日付データが入力されていると、ピボットテーブルに日付のフィールドを配置したときに、自動的に月単位にまとめて集計されます。

元のリストに入力された日付データが日単位でも、ピボットテーブルで月単位にまとめて集計したほうが全体の傾向がわかりやすくなります。Excel 2019／2016では、日付のフィールドを＜行＞エリアや＜列＞エリアに配置するだけで、自動的に日単位のデータを月単位にまとめて集計します。

Before

A	B	C	D	E	F	G	H	I	J	K	L
No	注文番号	注文日	店舗名	大分類	中分類	商品名	価格	数量	金額	種別	
1	T10001	2020/4/1	新宿店	家電	調理家電	オーブントースター	¥11,550	1	¥11,550	会員	
2	T10002	2020/4/1	新宿店	家電	生活家電	小型冷蔵庫	¥9,900	1	¥9,900	会員	
3	T10003	2020/4/1	新宿店	家電	調理家電	ホットプレート	¥10,780	1	¥10,780	非会員	
4	T10004	2020/4/1	新宿店	キッチン用品	食卓小物	弁当箱	¥1,210	2	¥2,420	非会員	
5	T10005	2020/4/1	新宿店	家電	生活家電	小型冷蔵庫	¥9,900	1	¥9,900	会員	
6	T10006	2020/4/1	新宿店	家電	生活家電	ポータブル扇風機	¥2,310	1	¥2,310	非会員	
7	T10006	2020/4/1	新宿店	家電	調理家電	ホットプレート	¥10,780	1	¥10,780	非会員	
8	T10007	2020/4/1	新宿店	家電	調理家電	ホットプレート	¥10,780	1	¥10,780	会員	
9	T10008	2020/4/1	新宿店	食器	和食器	大皿セット	¥4,400	2	¥8,800	非会員	
10	T10009	2020/4/1	新宿店	家電	調理家電	オーブントースター	¥11,550	1	¥11,550	非会員	
11	T10010	2020/4/1	新宿店	食器	和食器	大皿セット	¥4,400	1	¥4,400	非会員	
12	T10011	2020/4/1	新宿店	食器	和食器	小皿セット	¥2,530	1	¥2,530	会員	

元のリストには、日単位で売上データが入力されています。

After

	A	B	C	D	E	F	G	H	I
1									
2									
3	合計／金額	列ラベル							
4		±4月	±5月	±6月	±7月	±8月	±9月	総計	
5	行ラベル								
6	横浜店		¥7,207,090	¥6,634,100	¥7,305,870	¥7,387,820	¥7,613,320	¥36,148,200	
7	新宿店	¥7,429,840	¥7,309,390	¥6,736,400	¥7,490,780	¥7,521,800	¥7,697,140	¥44,185,350	
8	新大阪店	¥6,956,400	¥6,922,300	¥6,489,560	¥7,249,000	¥7,370,770	¥7,434,350	¥42,422,380	
9	総計	¥14,386,240	¥21,438,780	¥19,860,060	¥22,045,650	¥22,280,390	¥22,744,810	¥122,755,930	
10									
11									

ピボットテーブルで「日付」を＜列＞エリアに配置すると、月単位の集計表が表示されます。

1 月単位に集計する

ここでは、<列>エリアに<注文日>を追加します。

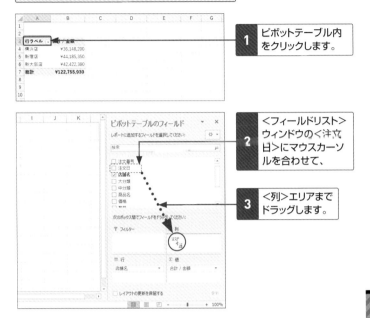

1 ピボットテーブル内をクリックします。

2 <フィールドリスト>ウィンドウの<注文日>にマウスカーソルを合わせて、

3 <列>エリアまでドラッグします。

4 日単位のデータが月単位にまとめて集計されます。

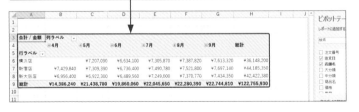

💡 **Hint**

<列>エリアには2つのフィールドが表示される

<注文日>をドラッグして追加すると、エリアセクションの<列>エリアには、「月」と「注文日」の2つのフィールドが表示されます。「月」フィールドをエリアから削除すると、日単位の集計表に変更されます。

31 月単位で集計する ～Excel 2013

ピボットテーブルに日付のフィールドを配置すると、後から日付の単位を変更できます。ここでは、日単位の売上集計表を、月単位の集計表に変更してみましょう。

Excel 2013では、元のリストに日単位の日付データが入力されていると、ピボットテーブルで日付のフィールドを＜行＞エリアや＜列＞エリアに配置したときに、日単位で集計されます。月単位に集計するには、＜グループの選択＞機能を使って日付を月単位にまとめる操作が必要です。

Before

合計 / 金額	列ラベル					
行ラベル	4月1日	4月2日	4月3日	4月4日	4月5日	4月6日
エスプレッソマシン	¥85,800	¥85,800	¥114,400	¥85,800	¥114,400	¥85,800
オーブントースター	¥196,350	¥184,800	¥196,350	¥184,800	¥219,450	¥184,800
ポータブル扇風機	¥4,620	¥4,620	¥4,620	¥6,930	¥4,620	¥4,620
ポータブル掃除機	¥7,920	¥7,920	¥7,920	¥3,960	¥7,920	¥7,920
ホットプレート	¥53,900	¥43,120	¥43,120	¥43,120	¥43,120	¥43,120
マグカップ	¥5,280	¥5,280	¥5,280	¥7,040	¥8,800	¥12,320
ランチョンマット				¥1,980		
小型冷蔵庫	¥49,500	¥39,600	¥39,600	¥39,600	¥39,600	¥39,600
小皿セット	¥17,710	¥17,710	¥22,770	¥22,770	¥20,240	¥12,650
大皿セット	¥13,200	¥17,600	¥17,600	¥8,800	¥13,200	¥8,800

商品ごとの日付別の売上金額の集計表です。元のリストが日単位で入力されているので、＜列＞エリアに配置した日付も日単位に表示されています。

After

合計 / 金額	列ラベル				
	⊟2020年				
行ラベル	4月	5月	6月	7月	8月
エスプレッソマシン	¥3,317,600	¥5,190,900	¥4,633,200	¥5,548,400	¥5,677
オーブントースター	¥6,063,750	¥8,974,350	¥8,154,300	¥9,182,250	¥9,655
ポータブル扇風機	¥170,940	¥256,410	¥231,000	¥247,170	¥231
ポータブル掃除機	¥225,720	¥229,680	¥217,800	¥241,560	¥233
ホットプレート	¥1,379,840	¥2,015,860	¥2,080,540	¥2,048,200	¥1,994
マグカップ	¥183,040	¥265,760	¥218,240	¥260,480	¥225
ランチョンマット	¥19,800	¥41,580	¥21,780	¥23,760	¥13
小型冷蔵庫	¥1,257,300	¥1,861,200	¥1,811,700	¥1,871,100	¥1,801
小皿セット	¥667,920	¥1,006,940	¥963,930	¥981,640	¥1,014

日付をグループ化して月単位の集計表に変更しました。

1 月単位にグループ化する

1 日付が表示されているセルを選択し、

2 <ピボットテーブルツール>-<分析>タブをクリックして、

3 <グループの選択>をクリックします。

グループ化

自動
- ☑ 開始日(S): 2020/4/1
- ☑ 最終日(E): 2020/10/1

単位(B)
- 秒
- 分
- 時
- 日
- 月
- 四半期
- 年

日数(N): 1

OK　キャンセル

4 <月>をクリックして、オンにし、

5 <年>をクリックして、オンにし、

6 <OK>をクリックすると、

💡 **Hint**

月単位だけ集計する

日付をグループ化するときに、年単位を指定せずに月単位だけでもグループ化できます。ただし、異なる年のデータが混在しているとき、違う年の同じ月のデータがまとめて集計されるので注意しましょう。

7 年・月単位の金額の集計結果が表示されます。

	B	C	D	E	F	G	H	I
3	合計 / 金額	列ラベル						
4		-2020年						総計
5	行ラベル	4月	5月	6月	7月	8月	9月	
6	エスプレッソマシン	¥3,317,600	¥5,190,900	¥4,633,200	¥5,548,400	¥5,677,100	¥5,577,000	¥29,944,200
7	オープントースター	¥6,063,750	¥8,974,350	¥8,154,300	¥9,182,250	¥9,655,800	¥9,921,450	¥51,951,900
8	ポータブル扇風機	¥170,940	¥256,410	¥231,000	¥247,170	¥231,000	¥231,000	¥1,367,520
9	ポータブル除湿機	¥225,720	¥229,680	¥217,800	¥241,560	¥233,640	¥249,480	¥1,397,880
10	ホットプレート	¥1,379,840	¥2,015,860	¥2,080,540	¥2,048,200	¥1,994,300	¥2,069,760	¥11,588,500
11	マグカップ	¥183,040	¥265,760	¥218,240	¥260,480	¥225,280	¥230,560	¥1,383,360
12	ランチョンマット	¥19,800	¥41,580	¥21,780	¥23,760	¥13,860	¥17,820	¥138,600
13	小型冷蔵庫	¥1,257,300	¥1,861,200	¥1,811,700	¥1,871,100	¥1,801,800	¥1,881,000	¥10,484,100
14	小皿セット	¥667,240	¥1,006,940	¥963,930	¥981,640	¥1,014,530	¥1,024,650	¥5,659,610
15	大皿セット	¥330,000	¥589,600	¥532,400	¥554,400	¥523,600	¥541,200	¥3,071,200
16	電気ケトル	¥531,960	¥643,500	¥609,180	¥669,240	¥531,960	¥583,440	¥3,569,280
17	弁当箱	¥238,370	¥363,000	¥385,990	¥417,450	¥377,520	¥417,450	¥2,199,780
18	総計	¥14,386,240	¥21,438,780	¥19,860,060	¥22,045,650	¥22,280,390	¥22,744,810	¥122,755,930

32 四半期単位・週単位で集計する

<行>エリアや<列>エリアに配置した日付のフィールドは、あとから日付の単位を変更できます。ここでは、売上集計表を四半期単位や週単位にまとめて集計し直します。

ピボットテーブルでは、<行>や<列>に配置したフィールドをグループにまとめて集計できます。日付データはあとから<秒><分><時><日><月><四半期><年>の単位にまとめられるため、元のリストが日単位であっても、四半期単位や週単位の集計表に変更することができます。

Before

	A	B	C	D	E	F	G	H
1								
2								
3	合計 / 金額	列ラベル						
4		⊞4月	⊞5月	⊞6月	⊞7月	⊞8月	⊞9月	総計
5	行ラベル							
6	横浜店		¥7,207,090	¥6,634,100	¥7,305,870	¥7,387,820	¥7,613,320	¥36,148,200
7	新宿店	¥7,429,840	¥7,309,390	¥6,736,400	¥7,490,780	¥7,521,800	¥7,697,140	¥44,185,350
8	新大阪店	¥6,956,400	¥6,922,300	¥6,489,560	¥7,249,000	¥7,370,770	¥7,434,350	¥42,422,380
9	総計	¥14,386,240	¥21,438,780	¥19,860,060	¥22,045,650	¥22,280,390	¥22,744,810	¥122,755,930
10								
11								
12								

店舗ごとの月別の売上金額の集計表です。

After

	A	B	C	D	E	F	G
1							
2							
3	合計 / 金額	列ラベル					
4	行ラベル	第2四半期	第3四半期	総計			
5	横浜店	¥13,841,190	¥22,307,010	¥36,148,200			
6	新宿店	¥21,475,630	¥22,709,720	¥44,185,350			
7	新大阪店	¥20,368,260	¥22,054,120	¥42,422,380			
8	総計	¥55,685,080	¥67,070,850	¥122,755,930			
9							
10							
11							

日付をグループ化して四半期単位に変更しました。

1 四半期単位にグループ化する

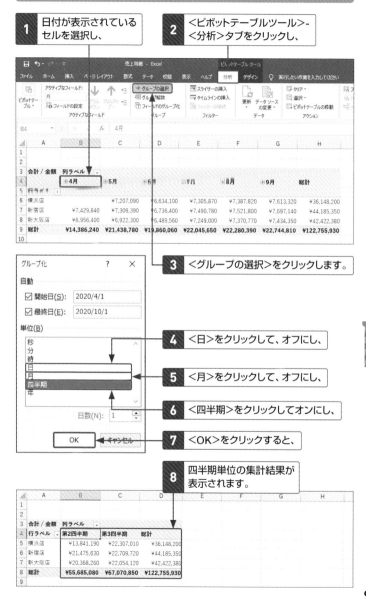

1 日付が表示されている
セルを選択し、

2 <ピボットテーブルツール>-
<分析>タブをクリックし、

	A	B	C	D	E	F	G	H
1								
2								
3	合計 / 金額	列ラベル						
4		⊞4月	⊞5月	⊞6月	⊞7月	⊞8月	⊞9月	総計
5	行ラベル							
6	横浜店		¥7,207,090	¥6,634,100	¥7,305,870	¥7,387,820	¥7,613,320	¥36,148,200
7	新宿店	¥7,429,840	¥7,309,390	¥6,736,400	¥7,490,780	¥7,521,800	¥7,697,140	¥44,185,350
8	新大阪店	¥6,956,400	¥6,922,300	¥6,489,560	¥7,249,000	¥7,370,770	¥7,434,350	¥42,422,380
9	総計	¥14,386,240	¥21,438,780	¥19,860,060	¥22,045,650	¥22,280,390	¥22,744,810	¥122,755,930
10								

グループ化　　? ×

自動

☑ 開始日(S): 2020/4/1

☑ 最終日(E): 2020/10/1

単位(B)

```
秒
分
時
日
月
四半期
年
```

日数(N): 1

OK　　キャンセル

3 <グループの選択>をクリックします。

4 <日>をクリックして、オフにし、

5 <月>をクリックして、オフにし、

6 <四半期>をクリックしてオンにし、

7 <OK>をクリックすると、

8 四半期単位の集計結果が
表示されます。

	A	B	C	D	E	F	G	H
1								
2								
3	合計 / 金額	列ラベル						
4	行ラベル	第2四半期	第3四半期	総計				
5	横浜店	¥13,841,190	¥22,307,010	¥36,148,200				
6	新宿店	¥21,475,630	¥22,709,720	¥44,185,350				
7	新大阪店	¥20,368,260	¥22,054,120	¥42,422,380				
8	総計	¥55,685,080	¥67,070,850	¥122,755,930				
9								

2 週単位にグループ化する

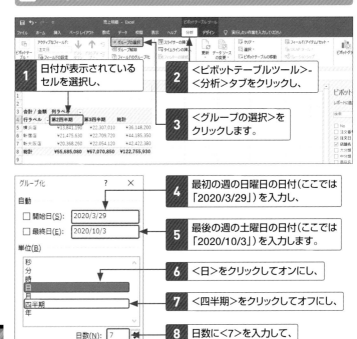

1 日付が表示されているセルを選択し、

2 <ピボットテーブルツール>-<分析>タブをクリックし、

3 <グループの選択>をクリックします。

4 最初の週の日曜日の日付(ここでは「2020/3/29」)を入力し、

5 最後の週の土曜日の日付(ここでは「2020/10/3」)を入力します。

6 <日>をクリックしてオンにし、

7 <四半期>をクリックしてオフにし、

8 日数に<7>を入力して、

9 <OK>をクリックすると、

10 週単位の集計結果が表示されます。

📝 Memo

週単位にグループ化する

<グループ化>ダイアログボックスの<単位>には週単位がありません。週単位にグループ化するには、<開始日>に元のリストの<日付>フィールドの最初の日付を含む週の日曜日の日付を入力し、<最終日>に、最後の日付を含む週の土曜日の日付を入力します。続けて<日数>を「7」に指定します。

3 グループ化を解除する

1 日付が表示されているセルを選択します。

2 <ピボットテーブルツール>-<分析>タブをクリックし、

3 <グループ解除>をクリックします。

4 週単位のグループ化が解除されて、日単位の集計表に変更されます。

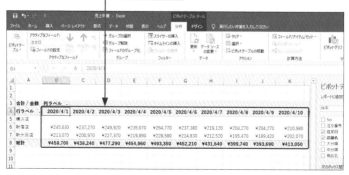

33 同種の商品を まとめて集計する

Sec.32では、日付データをグループ化しましたが、文字データをグループ化することもできます。ここでは、商品名を2つのグループに分けて集計します。

グループ化とは、関連するデータをまとめて集計することです。ここでは、グループ化の機能を使って、商品名を2つのグループに分けて集計します。グループ化の機能を利用すれば、ピボットテーブルの元のリストに、商品名の分類を示すフィールドがなくても、オリジナルの分類を作成して集計ができます。

Before

<行>エリアに<商品名>を配置して、商品別の売上金額が集計されています。ここでは、オリジナルの分類で集計します。

After

「SALE」と「SALE対象外」の2つの新しい分類を作成して集計します。

1 複数の商品をグループ化する

ここでは、商品名を2つのグループに分けます。

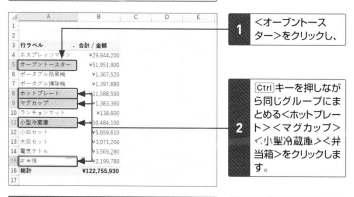

1 <オーブントースター>をクリックし、

2 Ctrl キーを押しながら同じグループにまとめる<ホットプレート><マグカップ><小型冷蔵庫><弁当箱>をクリックします。

3 <ピボットテーブルツール>-<分析>タブをクリックし、

4 <グループの選択>をクリックすると、

5 選択した項目が1つのグループにまとまり、「グループ1」という仮の名前で表示されます。

| | 6 | <エスプレッソマシン>をクリックし、 |

	A	B	C	D	E	F
2						
3	行ラベル	合計 / 金額				
4	⊟エスプレッソマシン	¥29,944,200				
5	エスプレッソマシン	¥29,944,200				
6	⊟グループ1	¥77,607,640				
7	オーブントースター	¥51,951,900				
8	ホットプレート	¥11,588,500				
9	マグカップ	¥1,383,360				
10	小型冷蔵庫	¥10,484,100				
11	弁当箱	¥2,199,780				
12	⊟ポータブル扇風機	¥1,367,520				
13	ポータブル扇風機	¥1,367,520				
14	⊟ポータブル掃除機	¥1,397,880				
15	ポータブル掃除機	¥1,397,880				

| | 7 | Ctrlキーを押しながら同じグループにまとめる<ポータブル扇風機><ポータブル掃除機><ランチョンマット><小皿セット><大皿セット><電気ケトル>をクリックし、 |

| | 8 | <ピボットテーブルツール>-<分析>タブの<グループの選択>をクリックすると、 |

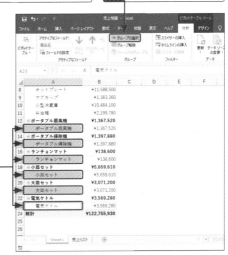

| | 9 | 選択した項目が1つのグループにまとまり、「グループ2」という仮の名前で表示されます。 |

	A	B	C	D	E	F
2						
3	行ラベル	合計 / 金額				
4	⊟グループ2	¥45,148,290				
5	エスプレッソマシン	¥29,944,200				
6	ポータブル扇風機	¥1,367,520				
7	ポータブル掃除機	¥1,397,880				
8	ランチョンマット	¥138,600				
9	小皿セット	¥5,659,610				
10	大皿セット	¥3,071,200				
11	電気ケトル	¥3,569,280				
12	⊟グループ1	¥77,607,640				
13	オーブントースター	¥51,951,900				
14	ホットプレート	¥11,588,500				
15	マグカップ	¥1,383,360				
16	小型冷蔵庫	¥10,484,100				
17	弁当箱	¥2,199,780				
18	総計	¥122,755,930				

第4章 データの集計／並べ替えをしよう

2 グループの名前を指定する

ここでは、2つのグループの名前を「SALE」「SALE対象外」に変更します。

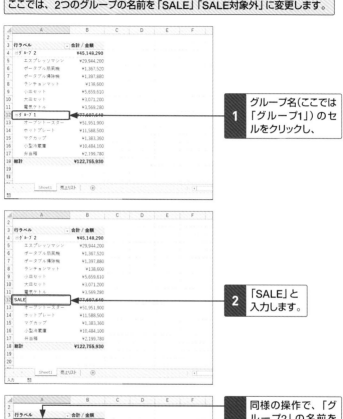

1 グループ名(ここでは「グループ1」)のセルをクリックし、

2 「SALE」と入力します。

3 同様の操作で、「グループ2」の名前を「SALE対象外」に変更します。

4 オリジナルの分類での集計結果が表示されます。

3 フィールド名を変更する

ここでは、新しく作った2つの分類にフィールド名を設定します。

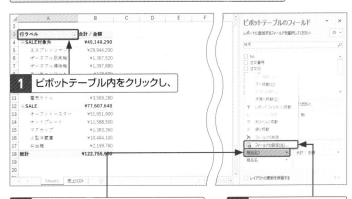

1 ピボットテーブル内をクリックし、

2 <フィールドリスト>ウィンドウの<行>エリアの<商品名2>をクリックして、

3 <フィールドの設定>をクリックします。

4 <名前の設定>欄にフィールドの名前（ここでは「SALE」）を入力し、

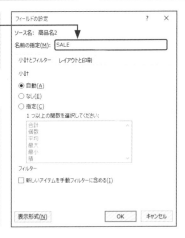

💡 Hint

追加したフィールドも利用できる

新しく作った「SALE」フィールドは、他のフィールドと同様に、各エリアに配置して利用できます。

💡 Hint

項目を折りたたんで表示する

グループ名の先頭の<->をクリックすると、グループ内の項目を折りたたんで表示できます<+>をクリックすると元の表示に戻ります。

5 <自動>をクリックして
オンにし、

6 <OK>をクリックすると、

7 <行>エリアのフィールド名を変更できました。

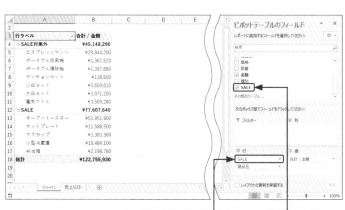

8 <フィールドリスト>ウィンドウのフィールドの
一覧にも<SALE>が表示されます。

34 同価格帯の商品を まとめて集計する

数値データをグループ化すると、どの価格帯の商品が売れているかを集計できます。ここでは、商品の価格を1,000円台、2,000円台のようにグループ化して、売上数を集計します。

Sec.32の日付データのグループ化、Sec.33の文字データのグループ化と同じように、数値データをグループ化できます。数値データをグループ化するときは、<先頭の値>と<末尾の値>と<単位>を指定して、100ごとや1,000ごとのように指定した間隔でデータをまとめます。

Before

	A	B	C
1			
2			
3	行ラベル ▾	合計 / 数量	
4	¥1,210	1818	
5	¥1,760	786	
6	¥1,980	70	
7	¥2,310	592	
8	¥2,530	2237	
9	¥3,960	353	
10	¥4,400	698	
11	¥8,580	416	
12	¥9,900	1059	
13	¥10,780	1075	
14	¥11,550	4498	
15	¥14,300	2094	
16	総計	15696	
17			

<行>エリアに<価格>、<値>エリアに<数量>を配置して、価格ごとの売上数を集計しておきます。

After

	A	B	C
1			
2			
3	行ラベル ▾	合計 / 数量	
4	1000-1999	2674	
5	2000-2999	2829	
6	3000-3999	353	
7	4000-4999	698	
8	8000-8999	416	
9	9000-9999	1059	
10	10000-10999	1075	
11	11000-11999	4498	
12	14000-15000	2094	
13	総計	15696	
14			
15			
16			
17			

価格を1,000円ごとにグループ化すると、同じ価格帯の売上数を集計できます。

1 価格帯ごとに集計する

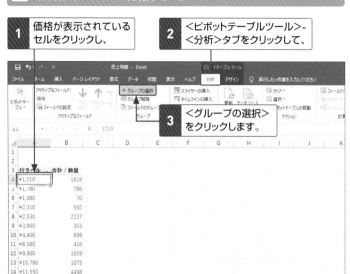

1 価格が表示されているセルをクリックし、

2 <ピボットテーブルツール>-<分析>タブをクリックして、

3 <グループの選択>をクリックします。

行ラベル	合計 / 数量
¥1,210	1818
¥1,760	786
¥1,980	70
¥2,310	592
¥2,530	2237
¥3,960	353
¥4,400	698
¥8,580	416
¥9,900	1059
¥10,780	1075
¥11,550	4498

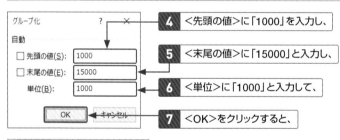

グループ化

自動

- □ 先頭の値(S): 1000
- □ 末尾の値(E): 15000
- 単位(B): 1000

OK　キャンセル

4 <先頭の値>に「1000」を入力し、

5 <末尾の値>に「15000」と入力し、

6 <単位>に「1000」と入力して、

7 <OK>をクリックすると、

行ラベル	合計 / 数量
1000-1999	2674
2000-2999	2829
3000-3999	353
4000-4999	698
8000-8999	416
9000-9999	1059
10000-10999	1075
11000-11999	4498
14000-15000	2094
総計	15696

8 価格が1,000円単位でグループ化されます。

📝 Memo

間隔の指定について

ここでは、1,000円単位で集計できるように、<先頭の値>に「1,000」を指定し、<末尾>の値に「15,000」と指定しました。また、<単位>に「1,000」を入力し、1,000円ごとにグループ化されるように指定しています。

第4章 データの集計／並べ替えをしよう

105

35 売上順に並べ替える

ピボットテーブルの集計結果を並べ替えると、売れ筋商品がわかります。ここでは、中分類ごとに売上金額が大きい順に並べ替え、さらに中分類内の商品も売上金額の大きい高い順に並べ替えます。

データを並べ替える条件は「昇順」と「降順」の2つです。ここでは、最初に中分類の集計値が表示されているセルを使って降順に並べ替えます。次に、商品の集計値が表示されているセルを使って降順に並べ替えます。これにより、中分類の売れ筋順と、分類の中での売れ筋商品がわかります。

Before

中分類ごとに商品別の売上金額を集計しています。ただし、これでは売れ筋の分類や商品がわかりません。

After

中分類ごとに売上金額の大きい順に並べ替えると、「調理家電」の売上金額が群を抜いて大きいことがわかります。さらに、分類内の商品名の売上金額の大きい順に並べ替えると、それぞれの分類の中での売れ筋商品がわかります。

第4章 データの集計／並べ替えをしよう

1 分類の降順に並べ替える

ここでは、中分類を売上金額の高い順に並べます。

1 中分類の集計結果が表示されているセルをクリックし、

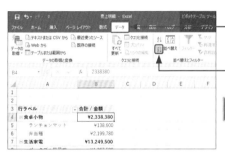

2 <データ>タブをクリックし、

3 <降順>をクリックすると、

Hint

並べ替えの順序について

昇順とは小さい順に並べ替えること、降順とは大きい順に並べ替えることです。

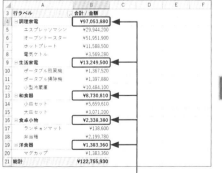

4 中分類ごとに売上金額の大きい順にデータが並べ替えられました。

Hint

<並べ替え>について

データの並べ替えは、<ホーム>タブの<並べ替えとフィルター>からも実行できます。

2 分類内の商品名を降順に並べ替える

ここでは、中分類内の商品名を売上金額の高い順に並べます。

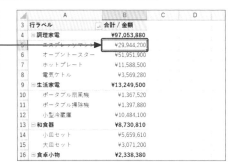

1 中分類内の商品名の集計結果が表示されているセルをクリックし、

	A	B	C	D
3	行ラベル	合計 / 金額		
4	⊟ 調理家電	¥97,053,880		
5	エスプレッソマシン	¥29,944,200		
6	オーブントースター	¥51,951,900		
7	ホットプレート	¥11,588,500		
8	電気ケトル	¥3,569,280		
9	⊟ 生活家電	¥13,249,500		
10	ポータブル扇風機	¥1,367,520		
11	ポータブル掃除機	¥1,397,880		
12	小型冷蔵庫	¥10,484,100		
13	⊟ 和食器	¥8,730,810		
14	小皿セット	¥5,659,610		
15	大皿セット	¥3,071,200		
16	⊟ 食卓小物	¥2,338,380		

2 <データ>タブをクリックし、

3 <降順>をクリックすると、

💡 Hint

右クリックで並べ替える
集計結果が表示されているセルを右クリックしたときに表示されるショートカットメニューの<並べ替え>から、データを並べ替えることもできます。

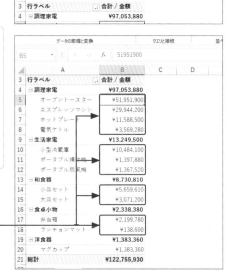

4 それぞれの中分類内で、商品の売上金額が大きい順にデータが並べ替えられます。

	A	B	C	D
3	行ラベル	合計 / 金額		
4	⊟ 調理家電	¥97,053,880		
5	オーブントースター	¥51,951,900		
6	エスプレッソマシン	¥29,944,200		
7	ホットプレート	¥11,588,500		
8	電気ケトル	¥3,569,280		
9	⊟ 生活家電	¥13,249,500		
10	小型冷蔵庫	¥10,484,100		
11	ポータブル掃除機	¥1,397,880		
12	ポータブル扇風機	¥1,367,520		
13	⊟ 和食器	¥8,730,810		
14	小皿セット	¥5,659,610		
15	大皿セット	¥3,071,200		
16	⊟ 食卓小物	¥2,338,380		
17	弁当箱	¥2,199,780		
18	ランチョンマット	¥138,600		
19	⊟ 洋食器	¥1,383,360		
20	マグカップ	¥1,383,360		
21	総計	¥122,755,930		

3 横方向に並べ替える

列単位で横方向に並べ替えたい任意のワークシート（ここでは
サンプルファイルの「Sheet2」）を開いておきます。

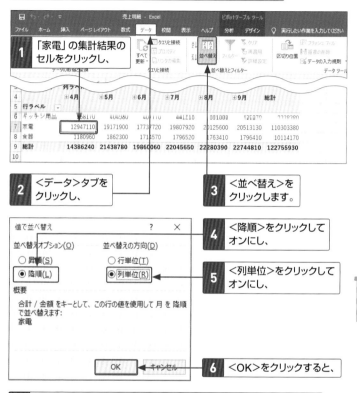

1 「家電」の集計結果の
セルをクリックし、

2 <データ>タブを
クリックし、

3 <並べ替え>を
クリックします。

値で並べ替え ? ×

並べ替えオプション(O)　　並べ替えの方向(D)

○ 昇順(S)　　　　　　○ 行単位(T)

● 降順(L)　　　　　　● 列単位(R)

概要

合計 / 金額 をキーとして、この行の値を使用して 月 を 降順
で並べ替えます:
家電

OK　　キャンセル

4 <降順>をクリックして
オンにし、

5 <列単位>をクリックして
オンにし、

6 <OK>をクリックすると、

7 「家電」の売上金額が大きい順に、月が左から右へ並べ替わります。

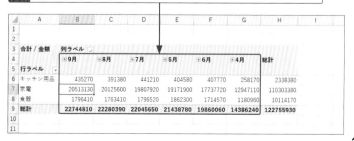

	A	B	C	D	E	F	G	H	I
1									
2									
3	合計 / 金額	列ラベル							
4		±9月	±8月	±7月	±5月	±6月	±4月	総計	
5	行ラベル								
6	キッチン用品	435270	391380	441210	404580	407770	258170	2338380	
7	家電	20513130	20125600	19807920	19171900	17737720	12947110	110303380	
8	食器	1796410	1763410	1796520	1862300	1714570	1180960	10114170	
9	総計	22744810	22280390	22045650	21438780	19860060	14386240	122755930	
10									
11									

36 オリジナルのルールで商品を並べ替える

昇順でも降順でもないオリジナルの順番で、集計結果を並べ替えることができます。ここでは、別シートに入力済みのオリジナルの順番で＜商品名＞を並べ替えます。

ピボットテーブルの集計結果をオリジナルの順番で並べ替えるときは、＜ユーザー設定リスト＞に並べ替えの順番を登録します。商品名や支店名、担当者名などをいつも決まった順番で表示するときは登録しておくといいでしょう。2回目以降は、登録した順番を指定するだけで並べ替わります。

Before

2		
3	**行ラベル**	**合計／金額**
4	オーブントースター	¥51,951,900
5	エスプレッソマシン	¥29,944,200
6	ホットプレート	¥11,588,500
7	小型冷蔵庫	¥10,484,100
8	小皿セット	¥5,659,610
9	電気ケトル	¥3,569,280
10	大皿セット	¥3,071,200
11	弁当箱	¥2,199,780
12	ポータブル掃除機	¥1,397,880
13	マグカップ	¥1,383,360
14	ポータブル扇風機	¥1,367,520

商品名ごとの売上金額の集計結果です。商品名が社内で決まっているオリジナルの順番で並んでいません。

After

2		
3	**行ラベル**	**合計／金額**
4	小型冷蔵庫	¥10,484,100
5	ポータブル掃除機	¥1,397,880
6	ポータブル扇風機	¥1,367,520
7	オーブントースター	¥51,951,900
8	エスプレッソマシン	¥29,944,200
9	ホットプレート	¥11,588,500
10	電気ケトル	¥3,569,280
11	小皿セット	¥5,659,610
12	大皿セット	¥3,071,200
13	マグカップ	¥1,383,360
14	弁当箱	¥2,199,780

登録したオリジナルの順番で商品名を並べ替えられました。

1 並び順の登録画面を表示する

1 <ファイル>タブを
　クリックし、

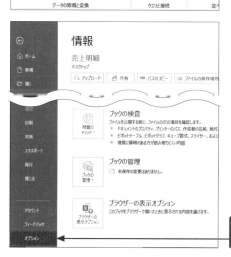

2 <オプション>を
　クリックします。

3 <詳細設定>を
　クリックし、

4 スクロールバーをドラッグして
　下のほうを表示して、

5 <ユーザー設定リストの編集>をクリックします。

111

2 項目の並び順を登録する

1	<ユーザー設定>ダイアログボックスのここをクリックし、

2	<商品名>シートをクリックして、

3	商品名の並び順が入力されているセルをドラッグして選択して、

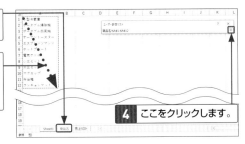

4	ここをクリックします。

5	<リストの取り込み元範囲>を確認して、

6	<インポート>をクリックすると、

7	オリジナルの順番が追加されます。

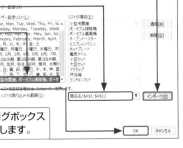

8	<OK>をクリックすると、

9	<Excelのオプション>ダイアログボックスに戻るので、<OK>をクリックします。

💡 **Hint**

順番を入力して登録する

ここでは、別のシートに入力済みの商品名のセル範囲を指定してリストを登録しています。シートに商品名を入力していない場合は、<リストの項目>欄に上から1つずつ [Enter] キーを使って入力し、最後に<追加>をクリックします。

3 オリジナルの順番で並べ替える

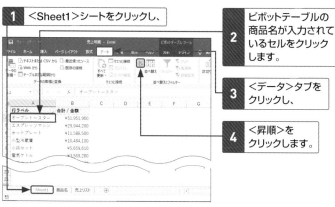

1 <Sheet1>シートをクリックし、

2 ピボットテーブルの商品名が入力されているセルをクリックします。

3 <データ>タブをクリックし、

4 <昇順>をクリックします。

5 ユーザー設定リストに登録したオリジナルの順番で商品名が並べ替わります。

💡 **Hint**

昇順ボタンで並べ変わる理由

ピボットテーブルでは、初期設定でユーザー設定リストを使って並べ替える方法が優先されます。そのため、<昇順>ボタンをクリックすると、オリジナルの順番で並べ替わります。<ピボットテーブルツール>-<分析>タブの<オプション>をクリックして、<ピボットテーブルオプション>ダイアログボックスを表示すると、<集計とフィルター>タブの<並べ替え時にユーザー設定リストを使用する>がオンになっていることが確認できます。

113

37 任意の場所に ドラッグ操作で並べ替える

ピボットテーブルの項目名は、ドラッグ操作で並べ替えることもできます。ここでは、<行>エリアに配置した店舗名が<新宿店><横浜店><新大阪店>の順番になるようにドラッグします。

1 ドラッグ操作で並べ替える

ここでは、<横浜店>を<新宿店>の下に移動します。

1 <横浜店>のセルをクリックし、

	A	B	C	D
1				
2				
3	行ラベル ▼	合計 / 金額		
4	横浜店	¥36,148,200		
5	新宿店	¥44,185,350		
6	新大阪店	¥42,422,380		
7	総計	¥122,755,930		
8				

2 マウスカーソルの形が ⭧ になるようにセルの外枠に合わせて、

3 移動先を示す線を目安に<新宿店>の下にドラッグすると、

	A	B	C	D
1				
2				
3	行ラベル ▼	合計 / 金額		
4	横浜店	¥36,148,200		
5	新宿店	¥44,185,350		
6	新大阪店	¥42,422,380		
7	総計	¥122,755,930		
8				

A5:B5

4 店舗名の並び順を変更されます。

	A	B	C	D
1				
2				
3	行ラベル ▼	合計 / 金額		
4	新宿店	¥44,185,350		
5	横浜店	¥36,148,200		
6	新大阪店	¥42,422,380		
7	総計	¥122,755,930		
8				
9				
10				
11				

💡 **Hint**

列の項目を並べ替える

<列>エリアに配置した項目の並び順を変更するときは、手順**3**で項目を横方向にドラッグします。

第5章

データを抽出しよう

Section 38 チェックボックスでデータを抽出する

Section 39 キーワードに一致するデータを抽出する

Section 40 売上トップ5を抽出する

Section 41 一定額以上のデータを抽出する

Section 42 フィルターエリアでデータを抽出する

Section 43 スライサーを使って一瞬でデータを抽出する

Section 44 タイムラインでデータを抽出する

Section 45 ドリルダウンでデータを深堀りする

Section 46 明細データを別シートに抽出する

チェックボックスで
データを抽出する

条件に合ったデータに絞り込むことを「抽出」といいます。ここでは、
<フィルター>ボタンを使って特定の店舗のデータを抽出し、さら
に、2つの分類に絞り込みます。

ピボットテーブルの集計結果から特定のデータを抽出するには、<行>エリ
アや<列>エリアに配置したフィールド名の横にある ▼（フィルターボタン）
を使います。フィルターボタンをクリックしたときに表示される分類名や店
舗名の一覧から、抽出したい項目だけをクリックして、オンにします。

Before

	A	B	C	D	E
1					
2					
3	合計 / 金額	列ラベル ▼			
4	行ラベル ▼	横浜店	新宿店	新大阪店	総計
5	調理家電	¥28,561,830	¥34,238,710	¥34,253,340	¥97,053,880
6	生活家電	¥3,481,500	¥4,869,810	¥4,898,190	¥13,249,500
7	和食器	¥3,057,120	¥3,687,640	¥1,986,050	¥8,730,810
8	食卓小物	¥657,030	¥873,510	¥807,840	¥2,338,380
9	洋食器	¥390,720	¥515,680	¥476,960	¥1,383,360
10	総計	¥36,148,200	¥44,185,350	¥42,422,380	¥122,755,930
11					
12					
13					

中分類ごとの店舗別
集計表から、特定
の店舗／分類のデー
タを抽出したい。

After

	A	B	C	D
1				
2				
3	合計 / 金額	列ラベル ▼		
4	行ラベル ▼	新大阪店	総計	
5	調理家電	¥34,253,340	¥34,253,340	
6	生活家電	¥4,898,190	¥4,898,190	
7	総計	¥39,151,530	¥39,151,530	
8				
9				

店舗の一覧から「新
大阪店」、中分類の
一覧から「生活家
電」と「調理家電」
を抽出しました。

1 特定の店舗を抽出する

ここでは、店舗の一覧から「新大阪店」だけを抽出します。

1 <列ラベル>の横の<フィルターボタン>をクリックすると、

2 メニューが表示されます。

3 <(すべて選択)>をクリックしてオフにし、

4 <新大阪店>をクリックしてオンにし、

5 <OK>をクリックすると、

6 「新大阪店」が抽出されます。

7 絞り込んだ<フィルターボタン>は、ボタンの表示が変わります。

📝 Memo

項目を素早く選択する

手順**2**の画面で、<(すべて選択)>をクリックすると、全項目をまとめてオンにしたりオフにしたりできます。一部の項目をオンにする場合は、すべての項目をいったんオフにしてから項目を選択すると効率よく選択できます。

2 特定の分類を抽出する

ここでは、中分類の一覧から「生活家電」と「調理家電」の項目を抽出します。

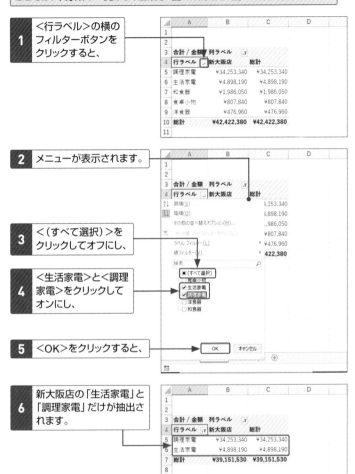

1 <行ラベル>の横の
フィルターボタンを
クリックすると、

2 メニューが表示されます。

3 <（すべて選択）>を
クリックしてオフにし、

4 <生活家電>と<調理
家電>をクリックして
オンにし、

5 <OK>をクリックすると、

6 新大阪店の「生活家電」と
「調理家電」だけが抽出さ
れます。

Memo

表示する項目を指定する

手順**2**の画面で、項目をオンにすると表示、オフにすると非表示になります。

3 抽出条件を解除する

> ここでは、抽出条件を解除してすべてのデータを表示します。

1 <列ラベル>の横の<フィルターボタン>をクリックし、

2 <"店舗名"からフィルターをクリア>をクリックすると、

3 全店舗が表示されます。

4 <行ラベル>の横の<フィルターボタン>をクリックし、

5 <"中分類"からフィルターをクリア>をクリックすると、

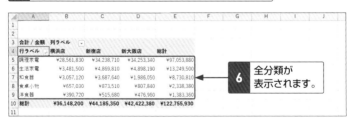

行ラベル	横浜店	新宿店	新大阪店	総計
調理家電	¥28,561,830	¥34,238,710	¥34,253,340	¥97,053,880
生活家電	¥3,481,500	¥4,869,810	¥4,898,190	¥13,249,500
和食器	¥3,057,120	¥3,687,640	¥1,986,050	¥8,730,810
食卓小物	¥657,030	¥873,510	¥807,840	¥2,338,380
洋食器	¥390,720	¥515,680	¥476,960	¥1,383,360
総計	¥36,148,200	¥44,185,350	¥42,422,380	¥122,755,930

6 全分類が表示されます。

💡 Hint

フィルターをまとめて解除する

複数のフィルターをまとめて解除するには、ピボットテーブル内をクリックし、<ピボットテーブルツール>-<分析>タブの<クリア>→<フィルターのクリア>の順にクリックします。

39 キーワードに一致する データを抽出する

キーワードを指定して、条件に一致したデータだけを集計することもできます。ここでは、商品ごとの売上金額の集計表から「ポータブル」という文字を含む商品を抽出します。

<ラベルフィルター>を使うと、指定したキーワードに合致したデータを抽出できます。ラベルフィルターの<指定した値で始まる>や<指定の値を含む>などを選ぶと、あいまいな条件で抽出できます。一方、<指定した値に等しい>を選ぶと、キーワードと完全に一致したデータを抽出します。

Before

商品名ごとの売上金額を集計したピボットテーブルから「ポータブル」という文字を含む商品を抽出します。

After

「○○を含む」という条件で抽出すると、「ポータブル」という文字が含まれる商品だけを抽出できます。

1 指定の文字を含むデータを抽出する

ここでは、商品名に「ポータブル」を含む商品を抽出します。

1 <行ラベル>の横の<フィルターボタン>をクリックし、

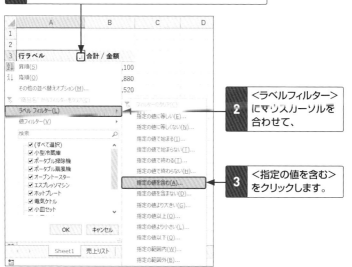

2 <ラベルフィルター>にマウスカーソルを合わせて、

3 <指定の値を含む>をクリックします。

4 「ポータブル」と入力して、

5 <OK>をクリックすると、

6 「ポータブル」の文字を含む商品が抽出されます。

💡 **Hint**

フィルターを解除する

抽出条件を解除するには、<行ラベル>の横の ▼ をクリックし、<"商品名"からフィルターをクリア>をクリックします。

40 売上トップ5を抽出する

ピボットテーブルの集計表から、売上トップ5やワースト5などの
データを抽出できます。ここでは、商品ごとの売上金額の集計表
から、売上トップ5の商品を抽出します。

フィルターのメニューに用意されている<トップテン>フィルターを使うと、
トップ5やワースト5のように、上位または下位の項目をいくつ抽出するか
を指定できます。上位20パーセントや下位20パーセントというようにパー
センテージで指定することも可能です。

Before

商品名ごとの売上金額を
集計したピボットテーブル
から、売上金額の高い5
つの商品を抽出します。

After

「上位5つの項目」という
条件を指定してデータを
絞り込むと、売上金額の
高い5つの商品を抽出で
きます。

1 上位5項目を抽出する

ここでは、売上金額の高い5つの商品を抽出します。

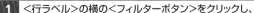

1 <行ラベル>の横の<フィルターボタン>をクリックし、

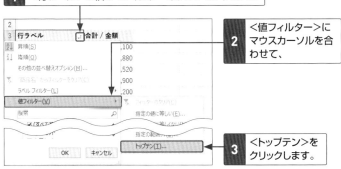

2 <値フィルター>にマウスカーソルを合わせて、

3 <トップテン>をクリックします。

4 <合計/金額>、<上位>、<5>と指定して、

5 <OK>をクリックすると、

6 売上金額の高い5つの商品が抽出されます。

7 必要に応じてP.107の操作で降順に並べ替えます。

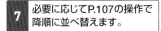

2	
3 行ラベル	合計/金額
4 小型冷蔵庫	¥10,484,100
5 オーブントースター	¥51,951,900
6 エスプレッソマシン	¥29,944,200
7 ホットプレート	¥11,588,500
8 小皿セット	¥5,659,610
9 総計	¥109,628,310

💡 **Hint**

下位の項目を表示する

値の小さい順から数えた下位のデータを抽出するには、手順**4**の画面の<上位>の横の∨をクリックして<下位>を選択します。

💡 **Hint**

任意の上位パーセントを表示する

上位5%のようにパーセントで指定するには、手順**4**の画面の<項目>の横の∨をクリックして<パーセント>を選択します。

41 一定額以上のデータを抽出する

100万円以上や50万円以下というように、数値の大きさを条件に指定してデータを抽出します。ここでは、商品ごとの売上金額の集計表から、売上金額が1,000万円以上の商品を抽出します。

第5章 データを抽出しよう

<値フィルター>を使うと、数値の大きさを条件に指定できます。値フィルターの<指定した値以上>を選ぶと、条件の値以上のデータを抽出します。また、<指定した値に等しい>や<指定の値以下>、<指定の値の範囲>などを選んでデータを抽出することもできます。

Before

商品名ごとの売上金額を集計したピボットテーブルから、売上金額の合計が「1,000万円」以上の商品を抽出します。

After

「1,000万円以上」という条件を指定すると、売上金額の合計が1,000万円以上の商品を抽出できます。

1 指定の値以上を抽出する

ここでは、売上金額の合計が1,000万円以上の商品を抽出します。

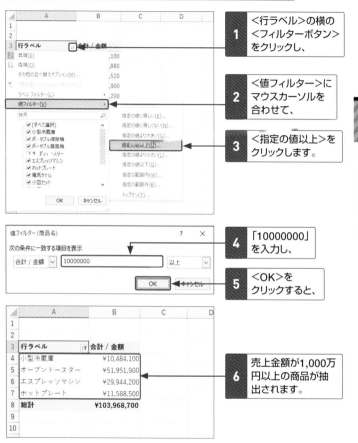

1 <行ラベル>の横の<フィルターボタン>をクリックし、

2 <値フィルター>にマウスカーソルを合わせて、

3 <指定の値以上>をクリックします。

4 「10000000」を入力し、

5 <OK>をクリックすると、

6 売上金額が1,000万円以上の商品が抽出されます。

💡 **Hint**

値の範囲を指定する

「10～15の間」など、数値の範囲を指定するには、手順3で<指定の範囲内>を選びます。続いて表示される<値フィルター>ダイアログボックスで、範囲の最初の値と最後の値を指定します。

42 フィルターエリアで データを抽出する

エリアセクションの＜フィルターエリア＞にフィールドを配置して、
データを抽出することもできます。ここでは、＜フィルター＞エリ
アに＜店舗名＞フィールドを配置します。

＜フィルター＞エリアは、ピボットテーブルの上側にあります。つまり、ペー
ジを切り替えるように、ピボットテーブル全体を抽出するときに使うエリアで
す。たとえば、＜フィルター＞エリアに＜店舗名＞を配置して＜横浜店＞を選
ぶと、ピボットテーブル全体が横浜店の集計表に丸ごと切り替わります。

Before

全店舗をまとめた集計結果から、横浜店の集計結果だけを抽出します。

After

全店舗をまとめた集計結果から、横浜店の集計結果だけを抽出します。

＜フィルター＞エリアに＜店舗＞を追加して、「横浜店」を指定すると「横浜
店」の集計表が表示されます。

1 ＜フィルター＞エリアにフィールドを追加する

ここでは、＜フィルター＞エリアに＜店舗名＞を追加します。

1 ピボットテーブル内をクリックし、

2 ＜フィールドリスト＞ウィンドウの＜店舗名＞にマウスカーソルを合わせて、

3 ＜フィルター＞エリアにドラッグすると、

4 ＜フィルター＞エリアに＜店舗名＞が追加されます。

Hint

複数のフィールドを配置する

＜フィルター＞エリアには、複数のフィールドを配置することもできます。たとえば、＜種別＞を追加すれば、＜横浜店＞の＜会員＞の集計結果を抽出できます。

Hint

ほかの方法で集計対象を絞り込む

集計対象を絞り込むには、スライサー（Sec.43参照）を使用する方法もあります。スライサーは、ボタンをクリックするだけで集計対象を絞り込めます。

2 抽出条件を指定する

ここでは、<横浜店>の集計結果を表示します。

1 <店舗名>の<フィルターボタン>をクリックし、

2 <横浜店>をクリックして、

3 <OK>をクリックすると、

4 「横浜店」の集計結果が表示されます。

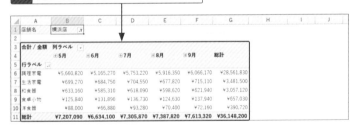

StepUp

複数項目を選択する

手順**2**で、複数の店舗を指定するときは、最初に<複数のアイテムを選択>をクリックします。次に、抽出したい店舗をクリックしてオンにします。

（左端）第5章 データを抽出しよう

3 集計対象ごとにピボットテーブルを作成する

<フィルター>エリアの<フィルターボタン>をクリックし、<(すべて)>を
クリックして<OK>をクリックして、抽出条件を解除しておきます。

1 <ピボットテーブルツール>-<分析>タブをクリックし、

2 <ピボットテーブル>をクリックします。

3 <オプション>のここをクリックして、

4 <レポートフィルターページの表示>をクリックします。

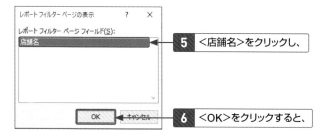

5 <店舗名>をクリックし、

6 <OK>をクリックすると、

7 店舗ごとのシートが追加され、それぞれの店舗の集計結果を表示するピボットテーブルが作成されます。

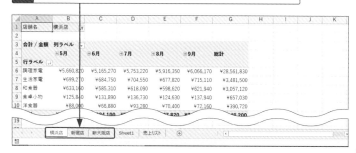

43 スライサーを使って一瞬でデータを抽出する

スライサーを使って、集計表全体を切り替えることもできます。ここでは、スライサーに<店舗名>を指定して、新宿店の集計結果を抽出します。

スライサーとは、Sec.42の<フィルター>エリアと同じように集計表全体を切り替えるときに使います。スライサーを使うと、ピボットテーブルとは別に、集計対象を絞り込むための専用のボタンが表示され、クリックするだけで瞬時に集計表全体を切り替えることができます。

Before

大分類ごとの売上金額の集計表から、「新宿店」だけのデータを抽出したい。

After

スライサーを追加して、抽出したい店舗（ここでは「新宿店」）のボタンをクリックすると、指定した店舗のデータだけを集計できます。

1 スライサーを追加する

ここでは、店舗を選択するスライサーを表示します。

1 ピボットテーブル内をクリックし、

2 <ピボットテーブルツール>-<分析>タブをクリックして、

3 <スライサーの挿入>をクリックします。

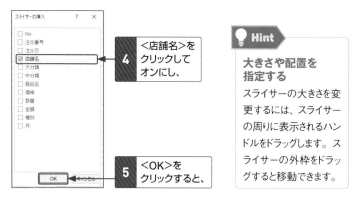

4 <店舗名>をクリックしてオンにし、

5 <OK>をクリックすると、

Hint

大きさや配置を指定する

スライサーの大きさを変更するには、スライサーの周りに表示されるハンドルをドラッグします。スライサーの外枠をドラッグすると移動できます。

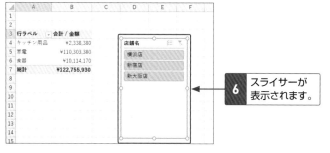

6 スライサーが表示されます。

2 抽出条件を指定する

ここでは、「新宿店」の集計結果を表示します。

1 スライサーの<新宿店>をクリックすると、

2 <新宿店>の集計結果が表示されます。

3 <フィルターのクリア>をクリックすると、

4 全店舗の集計結果が表示されます。

💡 Hint

スライサーを削除する

スライサーを削除するには、スライサーの外枠をクリックして選択し、Delete キーを押します。

💡 Hint

複数の項目を選択するには

スライサーで複数の項目を選択するには、1つ目の項目を選択したあと、Ctrl キーを押しながら次の項目を選択します。

3 複数のスライサーを使用する

ここでは、スライサーを追加して、「新宿店」の
「会員」の集計結果を表示します。

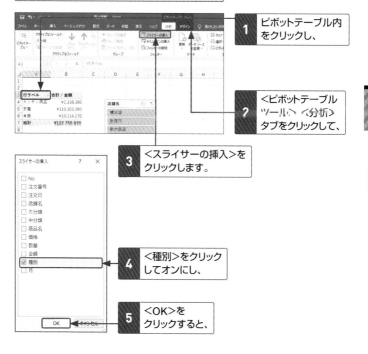

1 ピボットテーブル内
をクリックし、

2 <ピボットテーブル
ツール>＜分析＞
タブをクリックして、

3 <スライサーの挿入>を
クリックします。

4 <種別>をクリック
してオンにし、

5 <OK>を
クリックすると、

6 2つ目のスライサーが追加されます。

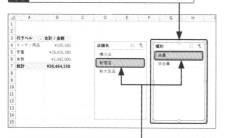

7 <新宿店>と<会員>をクリックすると、新
宿店の会員の売上集計表が表示されます。

💡 Hint

**スライサーの色を
変更する**

スライサーの色合いを
変更するには、スライ
サーをクリックしたとき
に表示される＜スライ
サー＞タブの＜スライ
サースタイル＞の一覧
から選びます。

44 タイムラインで データを抽出する

タイムラインを使って、一定期間のデータをピボットテーブルで集計します。ここでは、タイムラインを追加して、2020年の7月〜8月の店舗別の売上金額を集計します。

タイムラインとは、集計期間を指定する専用のツールの名称です。タイムラインを使用すると、ピボットテーブルで集計したい期間をマウスでドラッグするだけでかんたんに指定できます。なお、日付の単位を四半期や年などに変更することもできます。

Before

店舗ごとの売上金額の集計表から、2020年の7月と8月の2か月分のデータを抽出し、夏の売上を分析します。

After

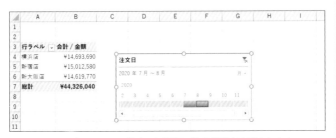

タイムラインを使用すると、指定した期間の集計結果が表示されます。

1 タイムラインを追加する

ここでは、集計期間を選択するタイムラインを追加します。

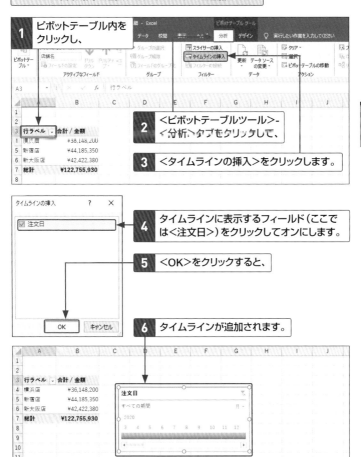

Hint

タイムラインの日付について

<タイムラインの挿入>ダイアログボックスには、ピボットテーブルの元のリストの中で、日付データが入力されているフィールドが表示されます。

2 抽出条件を指定する

ここでは、2020年の7月～8月の集計結果を表示します。

1 スクロールバーをドラッグして集計する期間の日付を表示し、

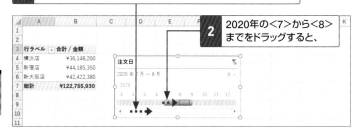

2 2020年の<7>から<8>までをドラッグすると、

3 2020年の7月～8月の集計結果が表示されます。

4 <フィルターのクリア>をクリックすると、

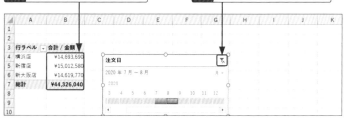

5 全期間の集計結果が表示されます。

💡 Hint

集計期間を伸ばすには

集計期間を伸ばすには、集計期間を示す部分の右側のハンドルを外側にドラッグします。

3 抽出条件を変更する

ここでは、集計する単位を「月」から「四半期」に変更します。

1 <月>の横のここをクリックし、

2 <四半期>を
クリックすると、

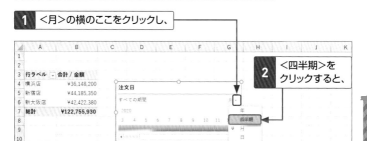

3 日付の単位を四半期に
変更できます。

4 集計する期間（ここでは、2020年
の第3四半期）をクリックすると、

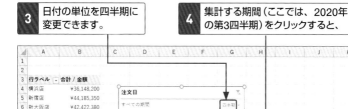

5 指定した期間の集計結果が表示されます。

💡 **Hint**

タイムラインを削除する

タイムラインを削除するには、タイムラインの外枠を選択してから Delete キー
を押します。

45 ドリルダウンで データを深堀りする

集計表の中の特定のデータに注目して、詳細なデータに掘り下げていきます。ここでは、主力商品である「家電」に注目し、売れ筋の商品を探し出します。

ドリルダウン分析とは、大分類→中分類→小分類と、順にデータを掘り下げながら問題点などを発見していく、データ分析の手法の1つです。たとえば、売上金額に大きい数値があるときに、どの商品が売上に貢献しているかを探るといった場合に使います。

Before

主力商品の「家電」の中で、人気のある商品を知りたい。

After

ドリルダウン分析を用いて、データを掘り下げていくと、「オーブントースター」の売上が突出していることがわかります。

1 種別の売上金額を確認する

ここでは、主力商品の「家電」の中で、どの分類が売れているかを分析します。

1 主力商品の<家電>をダブルクリックします。

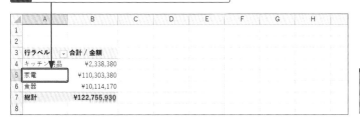

2 内訳として表示する<中分類>をクリックし、

3 <OK>をクリックすると、

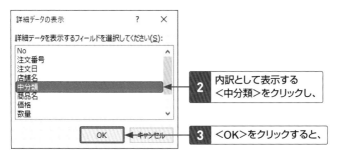

4 「家電」の内訳として<中分類>の集計結果が表示されます。「調理家電」の売上金額が大きいことがわかります。

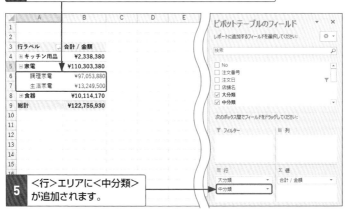

5 <行>エリアに<中分類>が追加されます。

2 商品の集計値を確認する

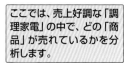

ここでは、売上好調な「調理家電」の中で、どの「商品」が売れているかを分析します。

	A	B
1		
2		
3	行ラベル	合計 / 金額
4	⊞キッチン用品	¥2,338,380
5	⊟家電	¥110,303,380
6	調理家電	¥97,053,880
7	主家電	¥13,249,500
8	⊞食器	¥10,114,170
9	総計	¥122,755,930
10		
11		

1 <調理家電>をダブルクリックします。

2 内訳として表示する<商品名>をクリックし、

詳細データの表示　　　？　　×

詳細データを表示するフィールドを選択してください(S):

No
注文番号
注文日
店舗名
商品名
価格
数量
金額

3 <OK>をクリックすると、　　OK　　キャンセル

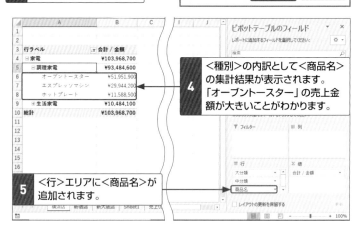

	A	B
1		
2		
3	行ラベル	合計 / 金額
4	⊟家電	¥103,968,700
5	⊟調理家電	¥93,484,600
6	オーブントースター	¥51,951,900
7	エスプレッソマシン	¥29,944,200
8	ホットプレート	¥11,588,500
9	⊞生活家電	¥10,484,100
10	総計	¥103,968,700

4 <種別>の内訳として<商品名>の集計結果が表示されます。「オーブントースター」の売上金額が大きいことがわかります。

5 <行>エリアに<商品名>が追加されます。

ピボットテーブルのフィールド

レポートに追加するフィールドを選択してください:

▼ フィルター　　　Ⅲ 列

Ⅲ 行　　　　　Σ 値
大分類　　　　合計 / 金額
中分類
商品名

レイアウトの更新を保留する

💡 Hint

詳細データを折りたたむ

「調理家電」や「家電」の先頭の⊟をクリックすると、詳細データが折りたたまれて非表示になります。⊞をクリックすると、詳細データが再表示されます。

3 店舗の集計値を確認する

ここでは、売上好調な「オーブントースター」が、
どの「店舗」で売れているかを分析します。

1 <オーブントースター>を
ダブルクリックします。

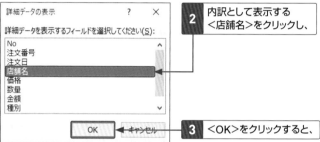

2 内訳として表示する
<店舗名>をクリックし、

3 <OK>をクリックすると、

4 <商品名>の集計結果の内訳として<店舗名>の集計結果が表示され
ます。3店舗で平均的に売れているのがわかります。

5 <行>エリアに<店舗名>が追加されます。

141

46 明細データを別シートに抽出する

集計表の中の特定のデータに注目して、集計の元データを表示することをドリルスルーと呼びます。ここでは、新宿店のポータブル掃除機の売上金額の元データを表示します。

1 集計結果から元データを確認する

1 <新宿店>の<ポータブル掃除機>の集計値をダブルクリックすると、

2 新しいシートが追加されて、

3 「新宿店」の「ポータブル掃除機」の元の明細データが表示されます。

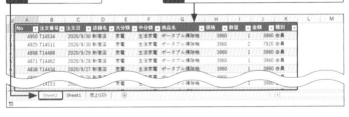

💡 Hint

元のリストとは連動しない

新しいシートに抽出した明細データは、ピボットテーブルの元になるリスト(ここでは<売上リスト>シート)から「新宿店」の「ポータブル掃除機」のデータだけを一時的に別シートに表示したものです。データを追加・修正するときは、必ず元になるリストを使いましょう。

第6章

高度な集計をしよう

Section 47　複数の集計を同時に行う

Section 48　データの個数を集計する

Section 49　売上構成比を集計する

Section 50　前月比を集計する

Section 51　売上累計を集計する

Section 52　売上の順位を求める

Section 53　オリジナルの計算式で集計する

Section 54　オリジナルの分類で集計する

47 複数の集計を同時に行う

<値>エリアに複数のフィールドを配置すると、合計と平均、合計と個数といった具合に複数の集計を行えます。ここでは、売上数の合計と売上金額の合計を集計します。

Sec.24の「行エリアに複数のフィールドを追加する」で解説したように、<行>エリアや<列>エリアに複数のフィールドを配置すると、階層のあるピボットテーブルを作成できます。同じように<値>エリアに複数のフィールドを配置すると、合計と平均、合計と個数などを同時に集計できます。

Before

大分類ごとの店舗別の売上金額の合計が表示されています。売上数の合計も同時に表示したい。

After

売上数の合計と売上金額の合計を上下に並べて表示しました。

1 売上数の合計を追加する

1 ピボットテーブル内をクリックし、

2 <フィールドリスト>ウィンドウの
<数量>にマウスカーソルを合わせて、

3 <値>エリアの<合計/金額>の下にドラッグすると、

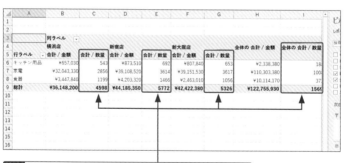

4 売上数の合計が金額の合計の右側に表示されます。

💡 **Hint**

集計方法は選択できる

ここでは、数量の合計と金額の合計を表示していますが、データの個数や平均、最大値、最小値などの集計方法に変更することもできます（Sec.48参照）。

2 フィールドの並び順を変更する

ここでは、売上数の合計を金額の合計の左側に配置します。

1 <値>エリアの<合計/数量>を<合計/金額>の上にドラッグすると、

2 売上数の合計が金額の合計の左側に移動します。

💡 Hint

メニューを使って並び順を変更する

フィールドの並び順は、フィールドをクリックしたときに表示されるメニューから変更することもできます。たとえば、<値>エリアの<合計/数量>をクリックして<上へ移動>をクリックすると、<合計/数量>を<合計/金額>の上に移動できます。

3 表示位置を変更する

ここでは、売上数の合計と金額の合計を上下に並べて表示します。

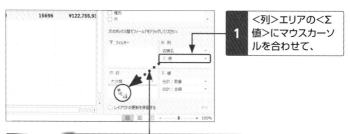

1 <列>エリアの<Σ値>にマウスカーソルを合わせて、

2 <行>エリアの<大分類>の下にドラッグすると、

3 大分類ごとに売上数の合計と金額の合計が上下に並んで表示されます。

	A	B	C	D	E	F
1						
2						
3		列ラベル				
4	行ラベル	横浜店	新宿店	新大阪店	総計	
5	キッチン用品					
6	合計 / 数量	543	692	653	1888	
7	合計 / 金額	¥657,030	¥873,510	¥807,840	¥2,338,380	
8	家電					
9	合計 / 数量	2856	3614	3617	10087	
10	合計 / 金額	¥32,043,330	¥39,108,520	¥39,151,530	¥110,303,380	
11	食器					
12	合計 / 数量	1199	1466	1056	3721	
13	合計 / 金額	¥3,447,840	¥4,203,320	¥2,463,010	¥10,114,170	
14	全体の 合計 / 数量	4598	5772	5326	15696	
15	全体の 合計 / 金額	¥36,148,200	¥44,185,350	¥42,422,380	¥122,755,930	
16						

4 <行>エリアの<Σ値>を<大分類>の上にドラッグすると、

	A	B	C	D	E	F
1						
2						
3		列ラベル				
4	行ラベル	横浜店	新宿店	新大阪店	総計	
5	合計 / 数量					
6	キッチン用品	543	692	653	1888	
7	家電	2856	3614	3617	10087	
8	食器	1199	1466	1056	3721	
9	合計 / 金額					
10	キッチン用品	¥657,030	¥873,510	¥807,840	¥2,338,380	
11	家電	¥32,043,330	¥39,108,520	¥39,151,530	¥110,303,380	
12	食器	¥3,447,840	¥4,203,320	¥2,463,010	¥10,114,170	
13	全体の 合計 / 数量	4598	5772	5326	15696	
14	全体の 合計 / 金額	¥36,148,200	¥44,185,350	¥42,422,380	¥122,755,930	
15						

5 売上数の合計と金額の合計が上下に分かれて表示されます。

> 💡 **Hint**
>
> **集計値を縦に並べる**
>
> <値>エリアに複数の
> フィールドを配置すると、
> 自動的に<列>エリア
> に<Σ値>が表示されま
> す。<Σ値>を<行>エ
> リアに移動すると集計値
> が上下に並びます。

48 データの個数を集計する

<値>エリアに数値フィールドを配置すると、最初は合計が集計されますが、集計方法はあとから変更できます。ここでは、集計方法を「合計」から「個数」に変更します。

<値>エリアに数値フィールドを配置すると「合計」、数値以外のフィールドを配置すると「個数」が集計されます。あとから集計方法を変更するには、<値フィールドの設定>ダイアログボックスで指定します。合計、個数、平均、最大値、最小値など11種類の集計方法が用意されています。

Before

商品ごとの店舗別の売上金額の合計が集計されています。集計方法を変更して、注文件数を表示したい。

After

集計方法を「個数」に変更すると、商品ごとの店舗別の注文件数が表示されます。

1 データの個数を集計する

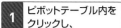

| 1 | ピボットテーブル内をクリックし、 |
| 2 | <値>エリアの<合計/金額>をクリックして、 |

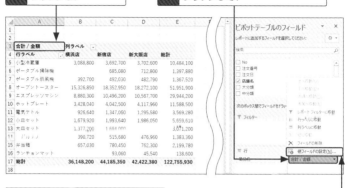

1		A	B	C	D	E	F
1							
2							
3	合計 / 金額		列ラベル				
4	行ラベル		横浜店	新宿店	新大阪店	総計	
5	小型冷蔵庫		3,088,800	3,692,700	3,702,600	10,484,100	
6	ポータブル掃除機			685,080	712,800	1,397,880	
7	ポータブル扇風機		392,700	492,030	482,790	1,367,520	
8	オープントースター		15,326,850	18,352,950	18,272,100	51,951,900	
9	エスプレッソマシン		8,880,300	10,496,200	10,567,700	29,944,200	
10	ホットプレート		3,428,040	4,042,500	4,117,960	11,588,500	
11	電気ケトル		926,640	1,347,060	1,295,580	3,569,280	
12	小皿セット		1,679,920	1,993,640	1,986,050	5,659,610	
13	大皿セット		1,377,200	1,694,000		3,071,200	
14	プリン皿		390,720	515,680	476,960	1,383,360	
15	弁当箱		657,030	780,450	762,300	2,199,780	
16	ランチョンマット			93,060	45,540	138,600	
17	総計		36,148,200	44,185,350	42,422,380	122,755,930	
18							

ピボットテーブルのフィールド

レポートに追加するフィールドを選択してください

検索

- □ No
- □ 注番号
- □ 注文日
- ☑ 店舗名
- ☑ 大分類
- □ 中分類

次のボックス間でフィールドをドラッグしてください

▼ フィルター　　　　　Ⅲ 列

≡ 行　　　　　　　　Σ 値

| 3 | <値フィールドの設定>をクリックします。 |

値フィールドの設定

ソース名: 金額

名前の指定(C): 個数 / 金額

集計方法　計算の種類

値フィールドの集計(S)

集計に使用する計算の種類を選択してください
選択したフィールドのデータ

- 合計
- 個数
- 平均
- 最大
- 最小
- 積

| 4 | <集計方法>タブの<個数>をクリックし、 |
| 5 | <OK>をクリックすると、 |

表示形式(N)　　　　　　OK　　キャンセル

| 6 | 集計方法がデータの個数に変更できます。これで、商品ごとの注文件数がわかります。 |

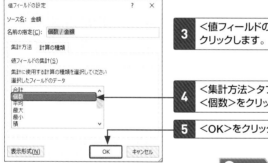

	A	B	C	D	E	F
1						
2						
3	個数 / 金額	列ラベル				
4	行ラベル	横浜店	新宿店	新大阪店	総計	
5	小型冷蔵庫	306	369	368	1,043	
6	ポータブル掃除機		162	171	333	
7	ポータブル扇風機	159	194	192	545	
8	オープントースター	1,318	1,576	1,574	4,468	
9	エスプレッソマシン	618	733	734	2,085	
10	ホットプレート	311	375	376	1,062	
11	電気ケトル	61	91	88	240	
12	小皿セット	401	467	470	1,338	
13	大皿セット	307	368		675	

💡 Hint

<値フィールドの設定>ダイアログボックスについて

ピボットテーブルの集計値が表示されているセルを選択し、<ピボットテーブルツール>-<分析>タブの<フィールドの設定>をクリックして、<値フィールドの設定>画面を表示することもできます。

49 売上構成比を集計する

Sec.48で解説した集計方法以外にも、「計算の種類」を指定して集計することもできます。ここでは、「計算の種類」を変更して、店舗別の売上金額の構成比を集計します。

数値の構成比を集計すると、全体の中で占める割合が明確になります。ピボットテーブルで構成比を集計するには、「計算の種類」を変更します。たとえば、<行>エリアに配置した店舗別の構成比を表示するには、列の総計が100%になるように各行の比率を表示する<列集計に対する比率>を選びます。

Before

店舗ごとの売上金額の合計を集計しています。全体の売上を100%としたときの各店舗の売上構成比を表示したい。

After

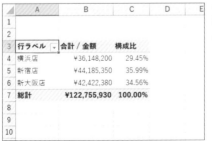

<値>エリアに<金額>を追加して、店舗ごとの売上構成比を表示します。

1 店舗別の売上構成比を表示する

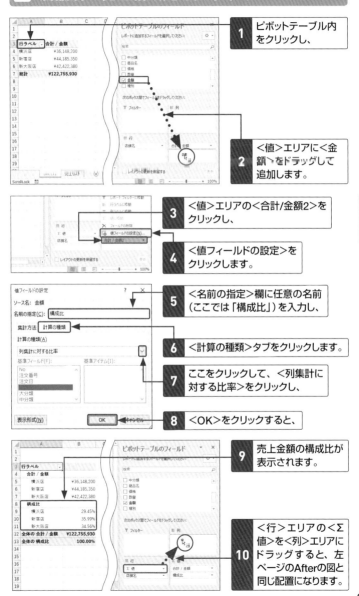

1 ピボットテーブル内をクリックし、

2 <値>エリアに<金額>をドラッグして追加します。

3 <値>エリアの<合計/金額2>をクリックし、

4 <値フィールドの設定>をクリックします。

5 <名前の指定>欄に任意の名前（ここでは「構成比」）を入力し、

6 <計算の種類>タブをクリックします。

7 ここをクリックして、<列集計に対する比率>をクリックし、

8 <OK>をクリックすると、

9 売上金額の構成比が表示されます。

10 <行>エリアの<Σ値>を<列>エリアにドラッグすると、左ページのAfterの図と同じ配置になります。

50 前月比を集計する

「計算の種類」を使って前月比を集計しましょう。ここでは、<値>
エリアに追加した金額の「計算の種類」を変更して、店舗ごとの月
別の集計表に前月比を追加します。

ピボットテーブルで前月比を集計するには、最初に<値>エリアに配置した
数値フィールドの<計算の種類>を<基準値に対する比率>に指定します。
次に、<基準フィールド>に<日付>、<基準アイテム>に<(前の値)>を
指定します。そうすると、前の値=前月となり、前月比を求められます。

Before

店舗ごとの月別の売上金額を集計しています。前月の売上と比較した前月比
を表示したい。

After

売上金額の合計の右側に前月比を表示しました。前月比の数字を見ると、
売上がプラスかマイナスかがひと目でわかります。

1 前月比を表示する

1 ピボットテーブル内をクリックし、

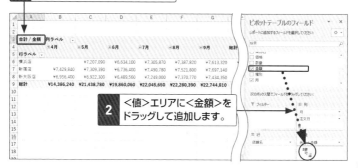

2 <値>エリアに<金額>を
ドラッグして追加します。

3 <値>エリアの<合計/金額2>を
クリックし、

4 <値フィールドの設定>を
クリックします。

5 <名前の指定>欄に任意の名前（ここでは「前月比」）を入力し、

6 <計算の種類>タブをクリックします。

7 ここをクリックして、<基準値に
対する比率>をクリックし、

8 <基準フィールド>から<月>を
クリックし、

9 <基準アイテム>から<（前の値）>
をクリックして、

10 <OK>を
クリックす
ると、

11 売上金額の前月比が表示されます。

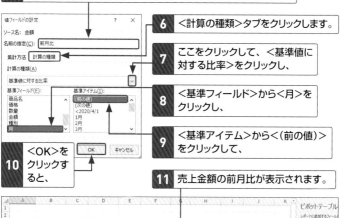

51 売上累計を集計する

「計算の種類」の「累計」を使って累計を集計しましょう。ここでは、
<値>エリアに追加した金額の「計算の種類」を変更して、各店舗
の月ごとの売上金額を累計します。

累計を集計するには、最初に<値>エリアに配置した数値フィールドの「計算の種類」を<累計>に指定します。次に、<基準フィールド>に<日付>を指定すると、日付ごと（ここでは月ごと）の累計が集計されます。

Before

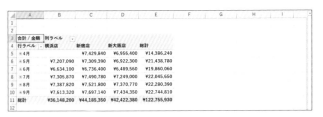

月ごとの店舗別の売上金額の合計を集計しています。月ごとの売上金額を順番に足して、累計を表示したい。

After

売上金額の合計の右側に累計が表示されました。累計を集計すると、たとえば、横浜店の6月までの売上金額の合計がひと目でわかります。

1 月ごとの累計を表示する

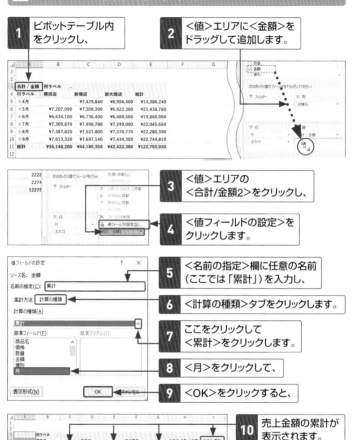

1 ピボットテーブル内をクリックし、

2 <値>エリアに<金額>をドラッグして追加します。

3 <値>エリアの<合計/金額2>をクリックし、

4 <値フィールドの設定>をクリックします。

5 <名前の指定>欄に任意の名前（ここでは「累計」）を入力し、

6 <計算の種類>タブをクリックします。

7 ここをクリックして<累計>をクリックします。

8 <月>をクリックして、

9 <OK>をクリックすると、

10 売上金額の累計が表示されます。

> **✎ Memo**
>
> **累計に通貨記号とカンマを表示する**
>
> 後から追加した<累計>には、「¥」記号やカンマが表示されません。Sec.23の操作で<値>エリアの<累計>に設定しましょう。

第6章　高度な集計をしよう

155

52 売上の順位を求める

「計算の種類」の「順位」を使って順位を求めましょう。ここでは、
<値>エリアに追加した金額の「計算の種類」を変更して、商品ご
との売上金額の大きい順に順位を表示します。

数値の大きさで順位を求めるときに、わざわざRANK関数を使う必要はあ
りません。ピボットテーブルでは、「計算の種類」を「順位」に変更するだけ
で求められます。順位には<昇順での順位>と<降順での順位>があり、
数値が大きい順に順位を付けるときは<降順の順位>を選びます。

Before

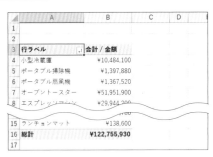

商品ごとの売上金額の合
計が集計されています。
合計だけでは、どの商品
が売上1位なのかすぐに
わかりません。

After

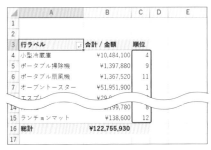

合計の横に売上の順位を
追加すると、売上1位の
商品がひと目でわかりま
す。

1 商品の売上順位を表示する

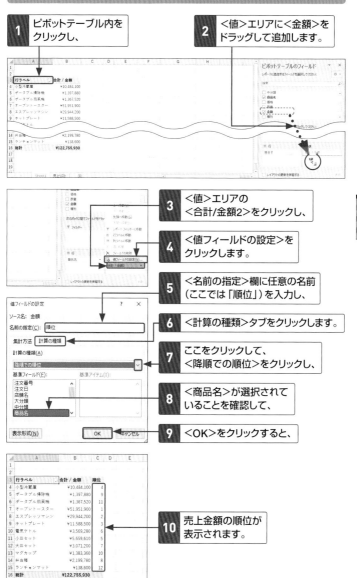

1 ピボットテーブル内を
クリックし、

2 <値>エリアに<金額>を
ドラッグして追加します。

3 <値>エリアの
<合計/金額2>をクリックし、

4 <値フィールドの設定>を
クリックします。

5 <名前の指定>欄に任意の名前
（ここでは「順位」）を入力し、

6 <計算の種類>タブをクリックします。

7 ここをクリックして、
<降順での順位>をクリックし、

8 <商品名>が選択されて
いることを確認して、

9 <OK>をクリックすると、

10 売上金額の順位が
表示されます。

53 オリジナルの計算式で集計する

「集計方法」や「計算の種類」を指定して集計する以外に、オリジナルの計算式を作成して集計できます。ここでは、商品ごとの売上金額の合計から消費税分と税抜き分の金額を求めます。

オリジナルの計算式は、新しいフィールド(<集計フィールド>)を追加して作成します。ここでは、「消費税分」と「税抜分」の2つの集計フィールドを追加し、税込の金額を表示している<金額>フィールドを利用して消費税分を求めます。さらに、税込の金額から消費税分を引いて税抜き金額を求めます。

Before

商品ごとの売上金額(税込)の合計を集計しています。この中から消費税分と税抜き分を表示したい。

After

行ラベル	合計 / 金額	合計 / 消費税分	合計 / 税抜き分
小型冷蔵庫	¥10,484,100	¥953,100	¥9,531,000
ポータブル掃除機	¥1,397,880	¥127,080	¥1,270,800
ポータブル扇風機	¥1,367,520	¥124,320	¥1,243,200
オーブントースター	¥51,951,900	¥4,722,900	¥47,229,000
エスプレッソマシン	¥29,944,200	¥2,722,200	¥27,222,000
ホットプレート	¥11,588,500	¥1,053,500	¥10,535,000
電気ケトル	¥3,569,280	¥324,480	¥3,244,800
小皿セット	¥5,659,610	¥514,510	¥5,145,100
大皿セット	¥3,071,200	¥279,200	¥2,792,000
マグカップ	¥1,383,360	¥125,760	¥1,257,600
弁当箱	¥2,199,780	¥199,980	¥1,999,800
ランチョンマット	¥138,600	¥12,600	¥126,000
総計	¥122,755,930	¥11,159,630	¥111,596,300

2つの集計フィールドを追加して、消費税分、税抜き分の金額を集計します。

1 消費税分を計算する

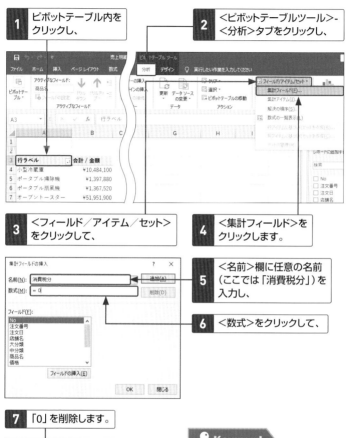

1 ピボットテーブル内をクリックし、

2 <ピボットテーブルツール>-<分析>タブをクリックし、

3 <フィールド/アイテム/セット>をクリックして、

4 <集計フィールド>をクリックします。

5 <名前>欄に任意の名前（ここでは「消費税分」）を入力し、

6 <数式>をクリックして、

7 「0」を削除します。

🔑 Keyword

集計フィールド

集計フィールドとは、ピボットテーブルでオリジナルの計算式を作成して計算した結果を表示するときに追加するフィールドです。既存のフィールドの値を利用して計算式を作成します。

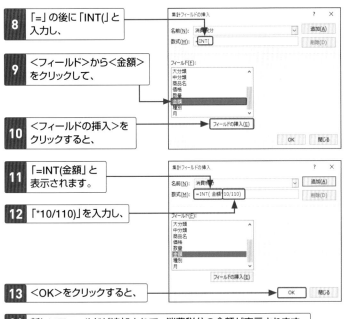

8 「=」の後に「INT(」と入力し、

9 <フィールド>から<金額>をクリックして、

10 <フィールドの挿入>をクリックすると、

11 「=INT(金額」と表示されます。

12 「*10/110)」を入力し、

13 <OK>をクリックすると、

14 新しいフィールドが追加されて、消費税分の金額が表示されます。

行ラベル	合計 / 金額	合計 / 消費税分
小型冷蔵庫	¥10,484,100	¥953,100
ポータブル掃除機	¥1,397,880	¥127,080
ポータブル扇風機	¥1,367,520	¥124,320
オーブントースター	¥51,951,900	¥4,722,900
エスプレッソマシン	¥29,944,200	¥2,722,200
ホットプレート	¥11,588,500	¥1,053,500
電気ケトル	¥3,569,280	¥324,480
小皿セット	¥5,659,610	¥514,510
大皿セット	¥3,071,200	¥279,200
マグカップ	¥1,383,360	¥125,760
弁当箱	¥2,199,780	¥199,980
ランチョンマット	¥138,600	¥12,600
総計	¥122,755,930	¥11,159,630

✏️ **Memo**

消費税分を求めるには

手順⓮の図のB列の「金額」は税込み金額です。消費税が10%のときに、税込み金額から消費税を求めるには、「税込み金額*10/110」の数式（10倍して110で割る）を作成します。ここで入力した「INT(金額*10/110)」は、INT関数を使って数式で求めた消費税の小数点以下を切り捨てています。

2 税抜き分を計算する

P.159の手順**1**～手順**4**の方法で、<集計フィールドの挿入>ダイアログボックスを表示しておきます。

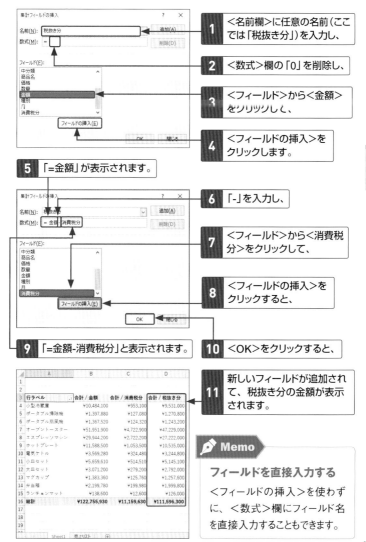

1 <名前欄>に任意の名前（ここでは「税抜き分」）を入力し、

2 <数式>欄の「0」を削除し、

3 <フィールド>から<金額>をクリックして、

4 <フィールドの挿入>をクリックします。

5 「=金額」が表示されます。

6 「-」を入力し、

7 <フィールド>から<消費税分>をクリックして、

8 <フィールドの挿入>をクリックすると、

9 「=金額-消費税分」と表示されます。

10 <OK>をクリックすると、

11 新しいフィールドが追加されて、税抜き分の金額が表示されます。

行ラベル	合計 / 金額	合計 / 消費税分	合計 / 税抜き分
小型冷蔵庫	¥10,484,100	¥953,100	¥9,531,000
ポータブル掃除機	¥1,397,880	¥127,080	¥1,270,800
ポータブル扇風機	¥1,367,520	¥124,320	¥1,243,200
オーブントースター	¥51,951,900	¥4,722,900	¥47,229,000
エスプレッソマシン	¥29,944,200	¥2,722,200	¥27,222,000
ホットプレート	¥11,588,500	¥1,053,500	¥10,535,000
電気ケトル	¥3,569,280	¥324,480	¥3,244,800
小皿セット	¥5,659,610	¥514,510	¥5,145,100
大皿セット	¥3,071,200	¥279,200	¥2,792,000
マグカップ	¥1,383,360	¥125,760	¥1,257,600
弁当箱	¥2,199,780	¥199,980	¥1,999,800
ランチョンマット	¥138,600	¥12,600	¥126,000
総計	¥122,755,930	¥11,159,630	¥111,596,300

> 📝 **Memo**
>
> **フィールドを直接入力する**
>
> <フィールドの挿入>を使わずに、<数式>欄にフィールド名を直接入力することもできます。

54 オリジナルの分類で 集計する

「集計アイテム」を使うと、ピボットテーブルの集計表から、特定の
項目をピックアップして集計できます。ここでは、商品別売上集計
表から特定の3つの商品の売上数の平均を求めます。

集計アイテムとは、既存のフィールドの項目とは別に、オリジナルの項目を追
加して集計するものです。商品別売上表の中から特定の商品だけを「集計ア
イテム」として指定すると、商品名の一番下に新しいアイテムが追加されます。
ここでは、追加した集計アイテムに3つの商品の売上数の平均を表示します。

Before

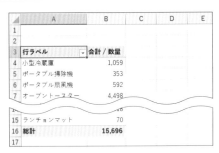

商品ごとの売上数の合
計が集計されています。
商品の中の<オーブン
トースター><ホットプ
レート><エスプレッソマ
シン>の3つの商品の売
上数の平均を求めたい。

After

<家電主力3品平均>の
集計アイテムを追加し
て、3つの商品の売上数
の平均を求めます。

1 3つの商品の平均値を求める

<オーブントースター><ホットプレート><エスプレッソ
マシン>3商品の売上数の平均を求めます。

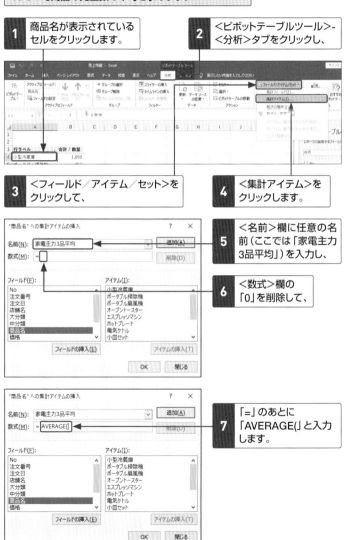

1 商品名が表示されている
セルをクリックします。

2 <ピボットテーブルツール>-
<分析>タブをクリックし、

3 <フィールド/アイテム/セット>を
クリックして、

4 <集計アイテム>を
クリックします。

5 <名前>欄に任意の名
前 (ここでは「家電主力
3品平均」) を入力し、

6 <数式>欄の
「0」を削除して、

7 「=」のあとに
「AVERAGE(」と入力
します。

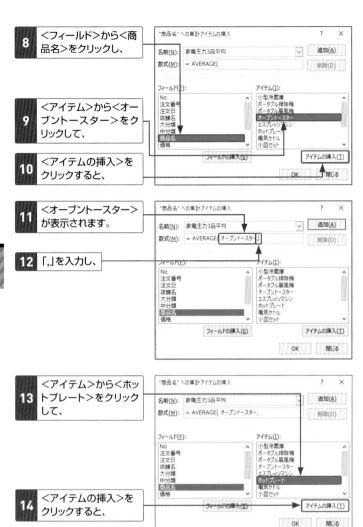

8 <フィールド>から<商品名>をクリックし、

9 <アイテム>から<オーブントースター>をクリックして、

10 <アイテムの挿入>をクリックすると、

11 <オーブントースター>が表示されます。

12 「,」を入力し、

13 <アイテム>から<ホットプレート>をクリックして、

14 <アイテムの挿入>をクリックすると、

✏ **Memo**

平均を求める

平均を求めるには、AVERAGE関数を使用します。関数の引数には、売上数合計の平均を求める3つの商品名を半角のカンマで区切って指定します。

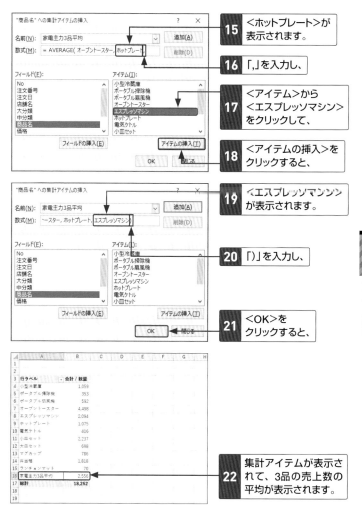

15 <ホットプレート>が表示されます。

16 「,」を入力し、

17 <アイテム>から<エスプレッソマシン>をクリックして、

18 <アイテムの挿入>をクリックすると、

19 <エスプレッソマシン>が表示されます。

20 「)」を入力し、

21 <OK>をクリックすると、

22 集計アイテムが表示されて、3品の売上数の平均が表示されます。

📝 **Memo**

総計について

集計アイテムを追加すると、一番下の行の総計は、全商品の合計＋集計アイテムの結果（ここでは3商品の平均）となり、意味がないものになります。総計を非表示にする方法は、P.176で解説します。

ピボットテーブルの集計

ピボットテーブルの<値>エリアに数値フィールドを配置すると、自動的に合計が集計されます。一方、文字フィールドを配置すると個数が集計されます。あとから集計方法を変更するには、「値フィールの設定」画面で目的の集計方法や計算の種類を選びます。すると、関数などを一切入力しなくても集計できます。「値フィールの設定」画面に用意されている集計方法や計算の種類は以下の通りです。また、Sec.53のように集計用のフィールドを作成すると、関数を手動で入力してオリジナルの計算式を作成できます。

①集計方法

合計
個数
平均
最大
最小
積
数値の個数
標本標準偏差
標準偏差
標本分散
分散

②計算の種類

計算なし
総計に対する比率
列集計に対する比率
行集計に対する比率
基準値に対する比率
親行集計に対する比率
親列集計に対する比率
親集計に対する比率
基準値の差分
基準値との差分の比率
累計
比率の累計
昇順での順位
降順での順位
指数 (インデックス)

第7章

見た目を整えて印刷しよう

Section 55　レイアウトを設定する

Section 56　スタイルを設定する

Section 57　フィールド名を変更する

Section 58　ピボットテーブルの空白セルに「0」を表示する

Section 59　総計の表示／非表示を切り替える

Section 60　小計の表示／非表示を切り替える

Section 61　すべてのページに見出し行を付けて印刷する

Section 62　分類ごとにページを分けて印刷する

55 レイアウトを設定する

ピボットテーブルのレイアウトには、「コンパクト形式」「アウトライン形式」「表形式」の3種類があり、クリックするだけで設定できます。ここでは、「表形式」に変更します。

<行>エリアに配置した複数のフィールドの表示方法を設定するのが、「レポートのレイアウト」機能です。「コンパクト形式」は同じ列に複数のフィールドの項目が表示され、「アウトライン形式」や「表形式」は異なる列に分かれて表示されます。

コンパクト形式

<行>エリアに複数のフィールドを配置しても、同じ列に複数のフィールドの項目が表示されます。ピボットテーブル作成直後のレイアウトです。

アウトライン形式

<行>エリアに複数のフィールドを配置すると、複数の列に分かれてフィールドの項目が表示されます。

表形式

<行>エリアに複数のフィールドを配置すると、上の階層の項目と下の階層の項目が同じ行に表示されます。一般的な表の形に近いレイアウトです。

1 レポートのレイアウトを変更する

ここでは、レポートのレイアウトを「コンパクト形式」から「表形式」に変更します。

1 ピボットテーブル内をクリックし、

	A	B	C	D
1				
2				
3	行ラベル	合計 / 金額		
4	⊟ キッチン用品	¥2,338,380		
5	食卓小物	¥2,338,380		
6	⊟ 家電	¥110,303,380		
7	生活家電	¥13,249,500		
8	調理家電	¥97,053,880		
9	⊟ 食器	¥10,114,170		
10	洋食器	¥1,383,360		
11	和食器	¥8,730,810		
12	総計	¥122,755,930		
13				

2 <ピボットテーブルツール>-<デザイン>タブをクリックし、

3 <レポートのレイアウト>をクリックして

4 <表形式で表示>をクリックすると、

💡 **Hint**

レイアウトが変更されない

<行>エリアに1つのフィールドを配置した場合は、レイアウトを変更しても大きな違いはありません。

5 レポートのレイアウトが表形式に変更されます。

🔺 **StepUp**

項目を繰り返して表示する

レポートのレイアウトが「表形式」や「アウトライン形式」の場合は、手順**3**のあとで、再度<レポートのレイアウト>をクリックして、<アイテムのラベルをすべて繰り返す>をクリックすると、中分類の左側に大分類の名前が繰り返して表示されます。

56 スタイルを設定する

ピボットテーブル全体の見た目は、<ピボットテーブルスタイル>
に用意されているスタイルを選ぶだけで変更できます。ここでは、
「淡色」のスタイルを選びます。

通常の表のように、手動でセルに色を付けたり、罫線を引くこともできますが、
<ピボットテーブルスタイル>を使うと、一覧からクリックするだけでピボット
テーブル全体の見栄えが整います。<ピボットテーブルスタイルのオプショ
ン>を組み合わせると、1行おきに色を付けるなどの変更も可能です。

Before

ピボットテーブル作成直後
には、既定のスタイルが
設定されています。

After

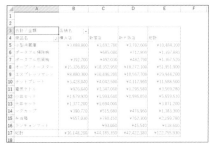

ピボットテーブルのスタイ
ルを変更し、淡色のシン
プルなスタイルに整えまし
た。

1 スタイルを変更する

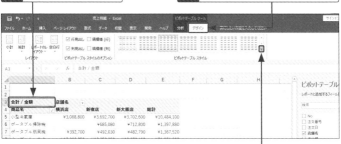

1 ピボットテーブル内を
クリックし、

2 <ピボットテーブルツール>-
<デザイン>タブをクリックし、

3 <ピボットテーブル
スタイル>の<その
他>ボタンをクリッ
クして、

4 変更後のスタイルを
クリックすると、

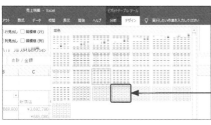

5 指定したスタイルに変更されます。

💡 Hint

1行おきに色を付ける
手順**4**のあとで、<ピボッ
トテーブルツール>-<デ
ザイン>タブの<縞模様
(行)>をクリックして、オ
ンにすると、1行ごとに互
い違いの色が付きます。

💡 Hint

スタイルを解除する

ピボットテーブルのスタイルを解除するには、手順**4**で<クリア>をクリックし
ます。また、<淡色>グループの<なし>をクリックして解除することもできます。

57 フィールド名を変更する

ピボットテーブルに表示される「合計／金額」「合計／数量」などの
フィールド名は、あとから自由に変更できます。「値フィールドの設定」
ダイアログボックスの「名前の指定」欄に変更後の名前を入力します。

<値>エリアにフィールドを配置すると、自動的に「合計／金額」とか「合
計／数量」などの名前が付きます。このままではわかりにくい上に、複数
の項目名が並ぶと煩雑になります。「合計／金額」を「金額合計」、「合計
／数量」を「売上数」といった具合に、わかりやすい名前に変更しましょう。

Before

	A	B	C	D
1				
2				
3	店舗名 ▾	合計／金額	合計／数量	
4	横浜店	¥36,148,200	4,598	
5	新宿店	¥44,185,350	5,772	
6	新大阪店	¥42,422,380	5,326	
7	総計	¥122,755,930	15,696	
8				
9				
10				
11				

ピボットテーブル作成直後
は、「合計／金額」「合計
／数量」といったフィール
ド名が表示されます。

After

	A	B	C	D
1				
2				
3	店舗名 ▾	売上金額合計	売上数合計	
4	横浜店	¥36,148,200	4,598	
5	新宿店	¥44,185,350	5,772	
6	新大阪店	¥42,422,380	5,326	
7	総計	¥122,755,930	15,696	
8				
9				
10				
11				

「合計／金額」を「売上金
額合計」、「合計／数量」
を「売上数合計」に変更し
ます。

1 フィールド名を変更する

ここでは、「合計／金額」を「売上金額合計」に変更します。

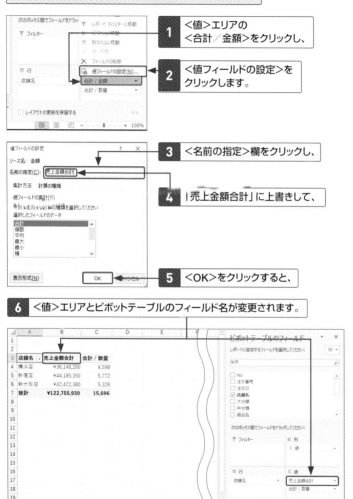

1 <値>エリアの
＜合計／金額＞をクリックし、

2 <値フィールドの設定>を
クリックします。

3 ＜名前の指定＞欄をクリックし、

4 「売上金額合計」に上書きして、

5 ＜OK＞をクリックすると、

6 ＜値＞エリアとピボットテーブルのフィールド名が変更されます。

7 同様の操作で、＜合計／数量＞を「売上数合計」に
変更すると、左ページのAfterの図になります。

173

ピボットテーブルの空白セルに「0」を表示する

ピボットテーブルでは、集計結果がないセルは空欄になります。空欄のセルに表示する内容は<ピボットテーブルオプション>ダイアログボックスで設定できます。ここでは、空欄のセルに「0」を表示します。

店舗ごとに取り扱う商品が異なると、取り扱いのない商品の集計結果は空欄になります。このように、元のリストにデータがないと、集計結果のセルが空欄になります。<ピボットテーブルオプション>ダイアログボックスを使うと、空欄セルに「0」を表示したり、「該当データなし」の文字などを表示したりできます。

Before

店舗によって取り扱いのない商品の集計結果は空欄になります。

After

集計結果が空欄のセルに「0」を表示しました。

1 空白セルに「0」を表示する

集計値が空欄になっているセルがあります。

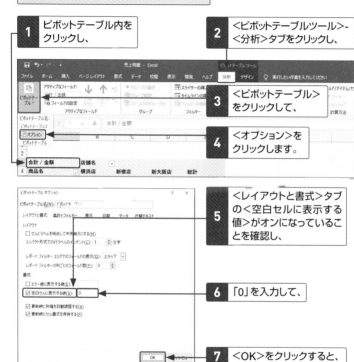

1 ピボットテーブル内をクリックし、

2 <ピボットテーブルツール>-<分析>タブをクリックし、

3 <ピボットテーブル>をクリックして、

4 <オプション>をクリックします。

5 <レイアウトと書式>タブの<空白セルに表示する値>がオンになっていることを確認し、

6 「0」を入力して、

7 <OK>をクリックすると、

8 空欄のセルに「0」が表示されます。

4	商品名	横浜店	新宿店	新大阪店	総計
5	小型冷蔵庫	¥3,088,800	¥3,692,700	¥3,702,600	¥10,484,100
6	ポータブル掃除機	¥0	¥685,040	¥712,800	¥1,397,880
7	ポータブル扇風機	¥392,700	¥492,030	¥482,790	¥1,367,520
8	オーブントースター	¥15,326,850	¥18,352,950	¥18,272,100	¥51,951,900
9	エスプレッソマシン	¥8,880,300	¥10,496,200	¥10,567,700	¥29,944,200
10	ホットプレート	¥3,428,040	¥4,042,500	¥4,117,960	¥11,588,500
11	電気ケトル	¥926,640	¥1,347,060	¥1,295,580	¥3,569,280
12	小皿セット	¥1,679,920	¥1,993,640	¥1,986,050	¥5,659,610
13	大皿セット	¥1,377,200	¥1,694,000	¥0	¥3,071,200
14	マグカップ	¥390,720	¥515,680	¥476,960	¥1,383,360
15	弁当箱	¥657,030	¥780,450	¥762,300	¥2,199,780
16	ランチョンマット	¥0	¥93,060	¥45,540	¥138,600
17	総計	¥36,148,200	¥44,185,350	¥42,422,380	¥122,755,930

59 総計の表示／非表示を切り替える

ピボットテーブルを作成すると、自動的に行や列の総計が表示されます。総計を表示するかどうかは<ピボットテーブルツール>-<デザイン>タブで指定できます。ここでは、行と列の総計を非表示にします。

総計には行の総計と列の総計があり、表示方法には「行と列の集計を行わない」「行と列の集計を行う」「行のみ集計を行う」「列のみ集計を行う」の4種類があります。「行のみ集計を行う」を選択すると、右端の総計だけが表示され、「列のみ集計を行う」を選択すると、下端の総計だけが表示されます。

Before

ピボットテーブルを作成すると、右端に分類ごとの行の総計、最終行に店舗ごとの列の総計が表示されます。

After

ここでは、行の総計と列の総計を非表示にしました。

176

1 総計を非表示にする

行と列の総計が表示されています。

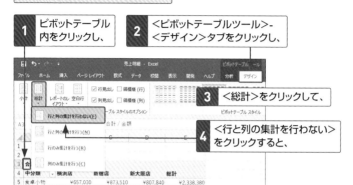

1 ピボットテーブル内をクリックし、

2 <ピボットテーブルツール>-<デザイン>タブをクリックし、

3 <総計>をクリックして、

4 <行と列の集計を行わない>をクリックすると、

5 行と列の総計が非表示になります。

	A	B	C	D	E
1					
2					
3	合計 / 金額	店舗名			
4	中分類	横浜店	新宿店	新大阪店	
5	食卓小物	¥657,030	¥873,510	¥807,840	
6	生活家電	¥3,481,500	¥4,869,810	¥4,898,190	
7	調理家電	¥28,561,830	¥34,238,710	¥34,253,340	
8	洋食器	¥390,720	¥515,680	¥476,960	
9	和食器	¥3,057,120	¥3,687,640	¥1,986,050	
10					
11					

Hint

絵柄で集計箇所がわかる

<ピボットテーブルツール>-<デザイン>タブの<総計>をクリックしたときに表示されるメニューの絵柄をよく見ると、総計される箇所が青く強調表示されます。迷ったときは絵柄を参考にするとよいでしょう。

Memo

総計が強調される

ピボットテーブルの最終行の総計は、セルや文字に色が付いたり、区切りの罫線が表示されたりして自動的に強調表示されます。

Hint

総計を再表示させる

総計を再表示するには、<ピボットテーブルツール>-<デザイン>タブの<総計>をクリックし、表示されるメニューの<行と列の集計を行う>をクリックします。

177

60 小計の表示／非表示を切り替える

階層のあるピボットテーブルを作成すると、階層（グループ）ごとの小計が表示されます。ここでは、小計の表示／非表示を変更して、すべての階層（グループ）の小計を非表示にします。

<行>エリアや<列>エリアに複数のフィールドを配置すると、最初は階層（グループ）ごとの小計が太字で上側に表示されます。<小計>メニューの<小計を表示しない>を選ぶと、すべての小計が非表示になり、<すべての小計をグループの末尾に表示する>を選ぶと、小計が下側に太字で表示されます。

Before

店舗別小計　　　大分類別小計

<行>エリアに<店舗名><大分類><種別>の3つのフィールドを配置すると、店舗ごとの小計と大分類ごとの小計が表示されます。

After

店舗名の小計と大分類の小計を非表示にすると、種別の集計結果だけが表示されます。

1 小計を非表示にする

ここでは、<店舗名>と<大分類>の小計を非表示にします。

1 ピボットテーブル内を クリックし、

2 <ピボットテーブルツール>- <デザイン>タブをクリックし、

3 <小計>をクリックして、

小計を表示しない(O)

すべての小計をグループの末尾に表示する(B)

すべての小計をグループの先頭に表示する(T)

4 <小計を表示しない>を クリックすると、

	A	B	C
3	行ラベル	合計 / 金額	
4	⊟横浜店		
5	⊟キッチン用品		
6	会員	¥7,260	
7	非会員	¥649,770	
8	⊟家電		
9	会員	¥21,312,280	
10	非会員	¥10,731,050	
11	⊟食器		
12	会員	¥1,602,150	
13	非会員	¥1,845,690	
14	⊟新宿店		
15	⊟キッチン用品		
16	会員	¥105,160	
17	非会員	¥768,350	
18	⊟家電		

5 小計が非表示になります。

💡 Hint

フィールドを折りたたむと 小計が表示される

小計を表示しない設定に変更しても、 フィールドを折りたたむとグループごとの 集計が表示されます。たとえば、<横 浜店>の前の<->をクリックすると、 <横浜店>の小計が表示されます。

💡 Hint

小計をグループの最後に表示する

レポートのレイアウトが「コ ンパクト形式」や「アウトラ イン形式」(Sec.55参照) の場合は、手順**3**でくす べての小計をグループの 末尾に表示する>をクリッ クすると、小計をグループ の下側に表示できます。

● 末尾に小計を表示した 場合

	A	B
3	行ラベル	合計 / 金額
4	⊟横浜店	
5	キッチン用品	¥657,030
6	家電	¥32,043,330
7	食器	¥3,447,840
8	横浜店 集計	¥36,148,200

● 先頭に小計を表示した 場合

	A	B
3	行ラベル	合計 / 金額
4	⊟横浜店	¥36,148,200
5	キッチン用品	¥657,030
6	家電	¥32,043,330
7	食器	¥3,447,840

61
すべてのページに
見出し行を付けて印刷する

ピボットテーブルは、表やグラフと同じように印刷できます。縦長の大きなピボットテーブルを印刷するときは、2ページ目以降にも見出しが表示されるように設定するとよいでしょう。

ピボットテーブルは、集計結果を印刷することもできます。複数ページに分かれて印刷される大きなピボットテーブルは、<ピボットテーブルオプション>ダイアログボックスで<印刷タイトルを設定する>をクリックしてオンにし、2ページ目以降にも見出しを印刷しましょう。

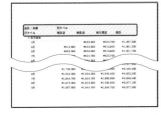
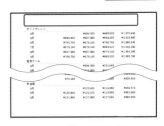

ピボットテーブルの印刷イメージを表示すると、1ページ目の見出しが、2ページ目には表示されません。

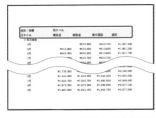
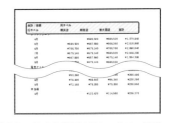

すべてのページに見出しが表示されるように設定を変更すると、2ページ目にも見出しが表示されます。

1 印刷タイトルを設定する

ここでは、すべてのページに店舗名の見出しを表示します。

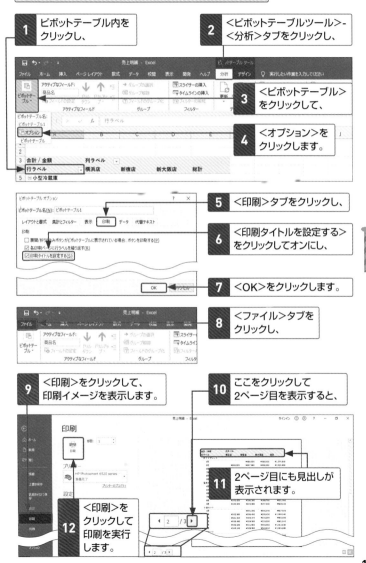

1 ピボットテーブル内を
クリックし、

2 <ピボットテーブルツール>-
<分析>タブをクリックし、

3 <ピボットテーブル>
をクリックして、

4 <オプション>を
クリックします。

5 <印刷>タブをクリックし、

6 <印刷タイトルを設定する>
をクリックしてオンにし、

7 <OK>をクリックします。

8 <ファイル>タブを
クリックし、

9 <印刷>をクリックして、
印刷イメージを表示します。

10 ここをクリックして
2ページ目を表示すると、

11 2ページ目にも見出しが
表示されます。

12 <印刷>を
クリックして
印刷を実行
します。

181

62

分類ごとにページを分けて印刷する

大きなピボットテーブルを印刷するときに、中途半端なところでページが分かれると、閲覧性が低下します。ここでは、<行>エリアに配置した<店舗名>ごとに改ページして印刷します。

区切りのよいところでページが分かれるように改ページを指定します。<店舗名>ごとに改ページするには、<店舗名>を選択してから改ページの設定を行うのがポイントです。改ページした2ページ目以降にも見出しが表示されるように、Sec.61で解説した<印刷タイトルの設定>も必要です。

Before 2ページ目 3ページ目

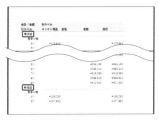 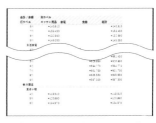

印刷イメージを見ると、1ページ目の末尾の「新宿店」の途中でページが分かれて、2ページ目にまたがっています。2ページ目の「新大阪店」も同様です。

After 2ページ目 3ページ目

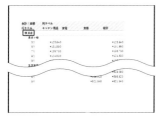 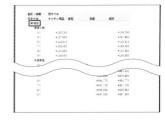

店舗名ごとに改ページされるように設定すると、「横浜店」の集計結果のあとで改ページされ、次のページは「新宿店」から表示されます。

1 印刷タイトルを設定する

ここでは、すべてのページに中分類の見出しを表示します。

Sec.61の操作で、<印刷タイトルを設定する>をクリックして、オンにし、印刷タイトルを設定しておきます。

2 店舗名ごとに改ページを指定する

1 ピボットテーブル内をクリックし、

2 <フィールドリスト>ウィンドウで改ページを指定するフィールド（ここでは<店舗名>）をクリックして、

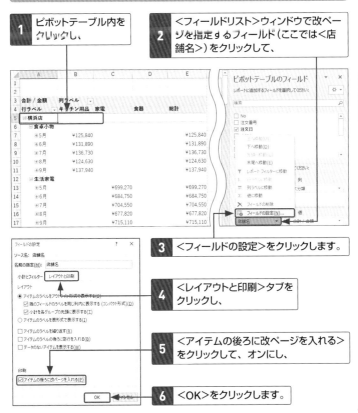

3 <フィールドの設定>をクリックします。

4 <レイアウトと印刷>タブをクリックし、

5 <アイテムの後ろに改ページを入れる>をクリックして、オンにし、

6 <OK>をクリックします。

183

7	<ファイル>タブをクリックし、

8	<印刷>をクリックして印刷イメージを表示します。	9	ここをクリックして2ページ目を表示すると、<新宿店>が改ページされていることが確認できます。

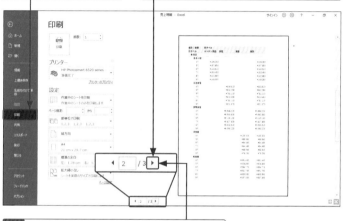

10	ここをクリックして、3ページ目を表示すると、

11	3ページ目が表示されます。<新大阪店>が改ページされています。

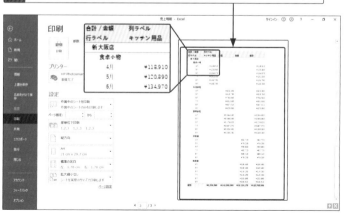

第8章

ピボットグラフを
作成しよう

Section 63 　ピボットグラフとは

Section 64 　ピボットグラフの画面の名称と役割

Section 65 　ピボットグラフを作成する

Section 66 　グラフの位置とサイズを変更する

Section 67 　グラフのフィールドを入れ替える

Section 68 　グラフに表示するデータを絞り込む

Section 69 　グラフの種類を変更する

Section 70 　グラフのスタイルを変更する

Section 71 　グラフのレイアウトを変更する

Section 72 　ドリルダウンで詳細なグラフを表示する

63 ピボットグラフとは

ピボットグラフとは、ピボットテーブルで集計した結果をグラフ化したものです。グラフを作成すると、データの大きさや推移、割合など、数値の全体的な傾向がひと目でわかります。

ピボットグラフはピボットテーブルを元に作成するグラフです。ピボットグラフはピボットテーブルと連動しているため、ピボットテーブルのレイアウトを変更すると、ピボットグラフも変化します。また、ピボットグラフ内で、フィールドを入れ替えたり、データを絞り込んで表示したりすることも可能です。

Before

ピボットテーブルの集計結果をグラフ化したい。

After

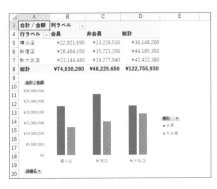

集合棒グラフを作成すると、売上金額が棒の高さで表されるため、金額の大小がひと目でわかります。

1 ピボットグラフの特徴

基本のピボットグラフ

グラフの種類を選ぶだけで、ピボットテーブルからピボットグラフを作成できます。ここでは、月ごとの店舗別の売上金額を集合縦棒グラフにします（Sec.65参照）。

フィールドを入れ替えて変化するピボットグラフ

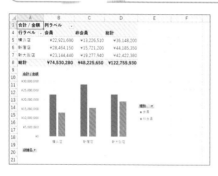

ピボットグラフの各エリアに配置するフィールドを入れ替えると、グラフを別の視点で見ることができます。ここでは、店舗ごとの種別の売上金額を示すグラフに変化させます（Sec.67参照）。

表示するデータを絞り込んだピボットグラフ

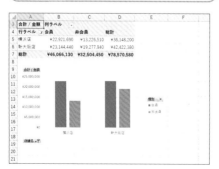

グラフに表示するデータをグラフ内で絞り込めます。ここでは、「新宿店」「横浜店」「新大阪店」の中から「横浜店」と「新大阪店」に絞り込みます（Sec.68参照）。

64 ピボットグラフの画面の名称と役割

ピボットグラフに表示する内容は、<フィールドリスト>ウィンドウで指定します。また、ピボットグラフを構成する要素は、<分析><デザイン><書式>の3つのタブを使って編集します。

1 ピボットグラフの画面の名称と役割

<分析>タブ
ピボットグラフをクリックしたときに表示されるタブ。スライサーやタイムラインを使って、グラフに表示する内容を絞り込めます。Office 365では、<ピボットグラフ分析>タブと表示されます。

<デザイン>タブ
グラフの色やスタイルなど、グラフの外観を設定する機能が集まっています。

<書式>タブ
グラフを構成する要素ごとに細かい設定をするときに使います。

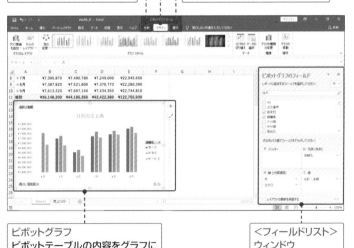

ピボットグラフ
ピボットテーブルの内容をグラフに表したものです。

<フィールドリスト>ウィンドウ
P.189参照。

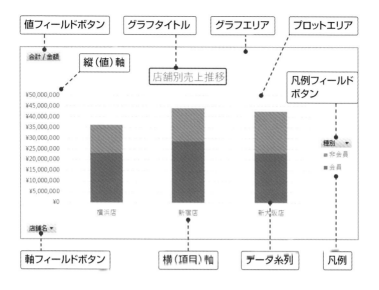

名称	説明
値フィールドボタン	
グラフタイトル	
グラフエリア	
プロットエリア	
縦（値）軸	
凡例フィールドボタン	

合計 / 金額

店舗別売上推移

¥50,000,000
¥45,000,000
¥40,000,000
¥35,000,000
¥30,000,000
¥25,000,000
¥20,000,000
¥15,000,000
¥10,000,000
¥5,000,000
¥0

種別 ▼
■ 非会員
■ 会員

横浜店　　新宿店　　新大阪店

店舗名 ▼

軸フィールドボタン　　横（項目）軸　　データ系列　　凡例

2 ＜フィールドリスト＞ウィンドウの名称と役割

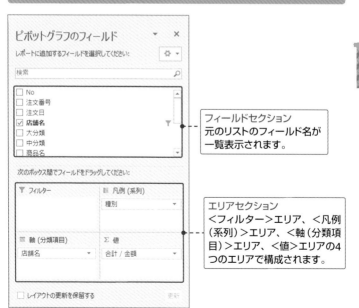

ピボットグラフのフィールド

レポートに追加するフィールドを選択してください：

検索

☐ No
☐ 注文番号
☐ 注文日
☑ 店舗名
☐ 大分類
☐ 中分類
☐ 商品名

フィールドセクション
元のリストのフィールド名が一覧表示されます。

次のボックス間でフィールドをドラッグしてください：

▼ フィルター

Ⅲ 凡例（系列）
種別

≡ 軸（分類項目）
店舗名

Σ 値
合計 / 金額

エリアセクション
＜フィルター＞エリア、＜凡例（系列）＞エリア、＜軸（分類項目）＞エリア、＜値＞エリアの4つのエリアで構成されます。

☐ レイアウトの更新を保留する　　更新

65 ピボットグラフを作成する

月ごとの店舗別の売上金額を集計したピボットテーブルを元に、集合縦棒グラフを作成します。ピボットグラフを作成する手順を確認しましょう。

ピボットグラフは、最初にピボットテーブル内をクリックし、次にグラフの種類を選ぶ2ステップで、あっという間に作成できます。作成直後のピボットグラフには、グラフタイトルがありません。必要に応じて、後からグラフタイトルを追加するなどして見栄えを整えます。

Before

ピボットテーブルの集計結果をもとにして集合縦棒グラフを作成します。

After

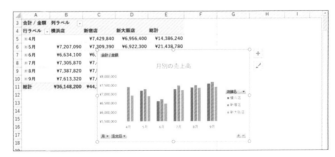

ピボットグラフを作成すると、＜行＞エリアのフィールドがグラフの項目軸に、＜列＞エリアのフィールドがグラフの凡例に表示されます。

1 集合縦棒グラフを作成する

ここでは、月ごとの店舗別の売上金額を表すピボットグラフを作成します。

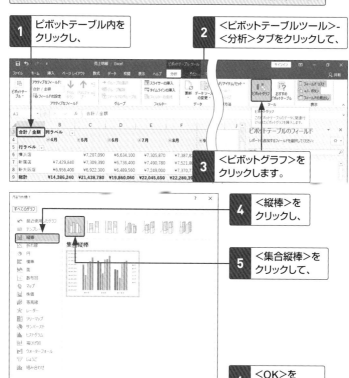

1 ピボットテーブル内をクリックし、

2 <ピボットテーブルツール>-<分析>タブをクリックして、

3 <ピボットグラフ>をクリックします。

4 <縦棒>をクリックし、

5 <集合縦棒>をクリックして、

6 <OK>をクリックします。

7 集合縦棒グラフが表示されます。

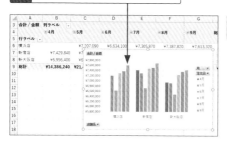

> **Memo**
>
> **グラフを削除する**
>
> グラフが選択されている状態で Delete キーを押すと、グラフを丸ごと削除できます。

第8章 ピボットグラフを作成しよう

191

2 行と列を切り替える

ここでは、グラフの横軸に月の名前が表示されるようにします。

1 ピボットグラフをクリックします。

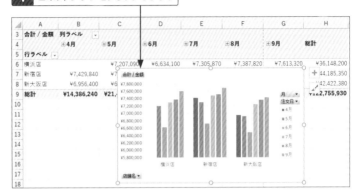

2 <ピボットグラフツール>-<デザイン>タブをクリックし、

3 <行/列の切り替え>をクリックすると、

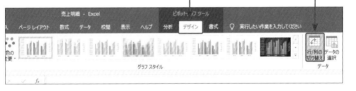

4 月が横軸に表示され、店舗名が凡例に表示されます。

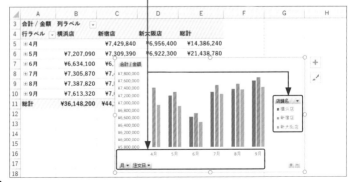

3 グラフタイトルを追加する

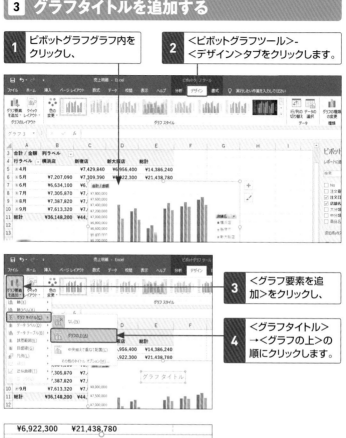

1 ピボットグラフグラフ内をクリックし、

2 <ピボットグラフツール>-<デザイン>タブをクリックします。

3 <グラフ要素を追加>をクリックし、

4 <グラフタイトル>→<グラフの上>の順にクリックします。

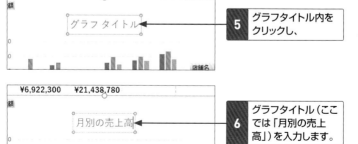

5 グラフタイトル内をクリックし、

6 グラフタイトル（ここでは「月別の売上高」）を入力します。

グラフの位置とサイズを変更する

ピボットグラフを作成した直後は、集計表とピボットグラフが重なって表示されることがあります。ここでは、ピボットグラフを集計表の下に移動して、ピボットグラフのサイズを小さくします。

ピボットグラフを移動するには、グラフの外枠部分を移動先までドラッグします。あるいは、ピボットグラフ内の「グラフエリア」と表示される余白の部分をドラッグしてもよいでしょう。ピボットグラフのサイズを変更するには、グラフの周りに表示される8個のハンドルのいずれかをドラッグします。

Before

ピボットグラフを作成すると、ピボットテーブルとピボットグラフが重なって表示されることがあります。

After

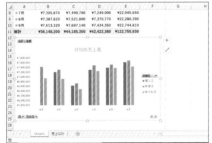

ピボットテーブルとピボットグラフを上下に並べて表示して、サイズを拡大します。

1 ピボットグラフの位置とサイズを変更する

ここでは、ピボットグラフをピボットテーブルの下に移動します。

1 ピボットグラフの外枠にマウスカーソルを合わせて、

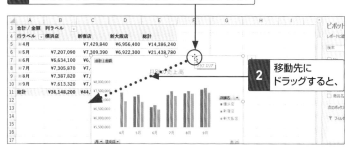

2 移動先にドラッグすると、

3 グラフが移動します。

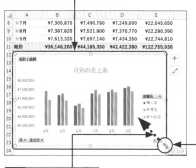

4 グラフの外枠に表示されるハンドルにマウスカーソルを合わせて、

5 ドラッグすると、

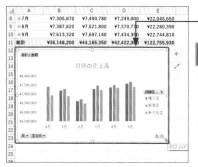

6 グラフのサイズが変更されます。

> **Hint**
>
> **セルに沿って配置する**
>
> グラフを移動したりサイズを変更したりするときに、Alt キーを押しながらドラッグすると、セルの枠に沿って配置できます。

グラフのフィールドを
入れ替える

ピボットグラフのフィールドを入れ替えるとグラフが変化します。ここでは、月ごとの店舗別の売上グラフのフィールドを入れ替えて、月ごとの種別の売上グラフに変更します。

ピボットグラフのフィールドを入れ替えるには、＜フィルター＞エリア、＜凡例（系列）＞エリア、＜軸（項目）エリア＞、＜値＞エリアの各エリアにフィールドを配置します。ピボットグラフのフィールドを入れ替えると、ピボットテーブルのレイアウトも連動して変わります。

Before

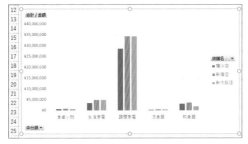

中分類ごとの店舗別の売上金額を示したピボットグラフのフィールドを入れ替えます。

After

店舗ごとの種別の売上金額を示したピボットグラフに変わります。同時にピボットテーブルのレイアウトも変更されます。

1 フィールドを削除する

ここでは、<軸（分類項目）>エリアから<中分類>を削除します。

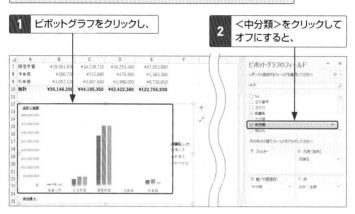

1 ピボットグラフをクリックし、

2 <中分類>をクリックして
オフにすると、

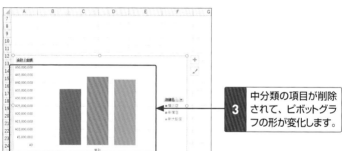

3 中分類の項目が削除
されて、ピボットグラ
フの形が変化します。

📝 Memo

ピボットグラフ専用のエリア名に変化する

ピボットグラフを選択していると
きは、エリアセクションの4つ
のエリアがピボットグラフ専用
の名前に変化します。ピボッ
トテーブル内をクリックすると、
ピボットテーブル専用の名前
に自動的に切り替わります。

ピボットグラフ	ピボットテーブル
<フィルター>エリア	<フィルター>エリア
<凡例（系列）>エリア	<列>エリア
<軸（分類項目）>エリア	<行>エリア
<値>エリア	<値>エリア

ここでは、<店舗名>を<軸（分類項目）>エリアに移動します。

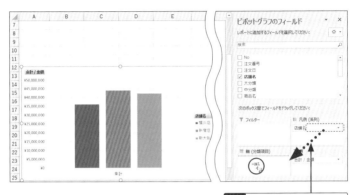

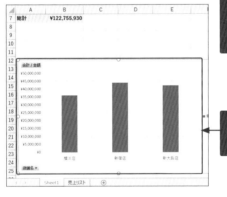

1 <凡例（系列）>エリアの<店舗名>を<軸（分類項目）>エリアにドラッグすると、

2 店舗名が項目軸に表示され、ピボットグラフの形が変化します。

💡 Hint

ピボットテーブルと同じ操作ができる

ピボットグラフのエリアセクションの操作は、エリアの名前が違うだけで、ピボットテーブルと同じように操作できます。たとえば、特定のエリアからフィールドを削除するには、P.77の操作以外にもP.77のMemoで解説したドラッグ操作も可能です。また、フィールドを他のエリアに移動するには、P.78のMemoで解説したようにメニューから操作することもできます。

3 フィールドを追加する

ここでは、<凡例（系列）>エリアに<種別>を追加します。

1 <フィールドリスト>ウィンドウの<種別>にマウスカーソルを合わせて、

2 <凡例（系列）>エリアにドラッグすると、

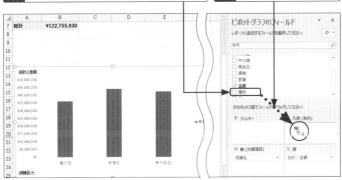

3 <種別>が<凡例（系列）>エリアに移動して、ピボットグラフの形が変化します。

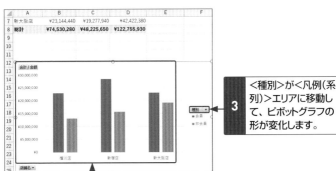

4 店舗ごとの種別の集計結果がピボットグラフに表示されます。

5 必要に応じてグラフタイトルを変更します。

📝 Memo

ピボットテーブルも変わる

ピボットグラフのフィールドを入れ替えると、連動してピボットテーブルのレイアウトも変化します。ここでは、<行>エリアに配置されていた<中分類>が<店舗名>に、<列>エリアに配置されていた<店舗名>が<種別>に変わります。

68 グラフに表示するデータを絞り込む

ピボットグラフに表示する項目を、ピボットグラフの中で絞り込むことができます。ここでは、<軸(項目)>エリアに配置した<店舗名>フィールドから特定の店舗だけに絞り込みます。

ピボットグラフに表示する項目を絞り込むには、ピボットグラフ内のフィールドボタンを使います。ピボットグラフに表示したい項目だけをクリックして、オンにすると、瞬時にピボットグラフが変化します。また、ピボットテーブルのフィルターと同じように、<ラベルフィルター>などの条件も指定できます。

Before

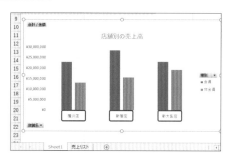

横(項目)軸に3店舗の店名が表示されています。「横浜店」「新大阪店」だけのピボットトグラフに絞り込みます。

After

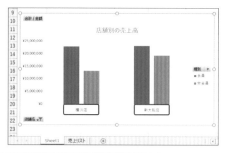

<店舗名>のフィールドボタンを使って表示する項目を選択すると、「横浜店」「新大阪店」のピボットグラフに変化します。

1 項目軸の表示を絞り込む

ここでは、店舗の一覧から「横浜店」「新大阪店」に絞り込みます。

1 <店舗名>のフィールドボタンをクリックし、

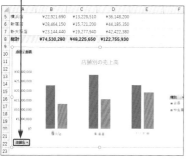

📝 Memo

フィルターを解除する

絞り込みを解除するには、条件を設定したフィルターボタンから<"○○"からフィルターをクリアア>をクリックします。

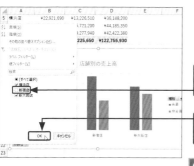

2 <新宿店>をクリックして、オフにし、

3 <OK>をクリックすると、

4 「横浜店」「新大阪店」だけのピボットグラフに変化します。

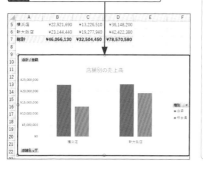

💡 Hint

<ラベルフィルター>を使うには

手順**2**のメニューにある<ラベルフィルター>から<指定の値に等しい>や<指定の値を含む>などを選ぶと、キーワードを指定してデータを絞り込めます。<ラベルフィルター>の操作は。Sec.39を参照してください。

グラフの種類を変更する

ピボットグラフは後からグラフの種類を変更できます。ここでは、月ごとの店舗別の売上金額を示した集合縦棒グラフを折れ線グラフに変更します。

グラフを作成するときは、数値の大きさを比較するなら棒グラフ、数値の推移を示すなら折れ線グラフ、数値の割合を示すなら円グラフというように、目的にあったグラフの種類を選ぶことが大切です。グラフの種類を間違えると、意図が伝わらなくなるからです。目的のグラフの種類に変更して使いましょう。

Before

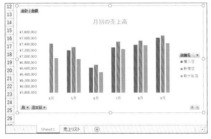

集合縦棒グラフを、売上の推移がわかりやすいように折れ線グラフに変更します。

After

折れ線グラフに変更すると、線の傾きで数値の推移を把握しやすくなります。

1 グラフの種類を変更する

ここでは、集合縦棒グラフをマーカー付き折れ線グラフに変更します。

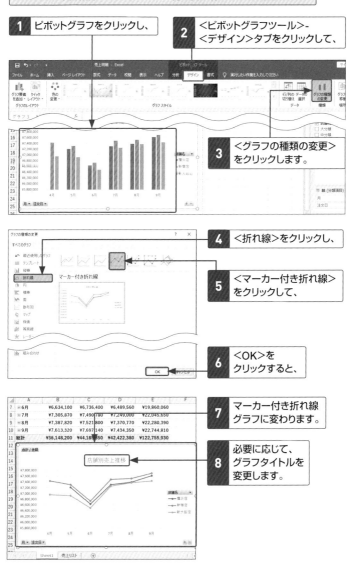

1 ピボットグラフをクリックし、

2 <ピボットグラフツール>-<デザイン>タブをクリックして、

3 <グラフの種類の変更>をクリックします。

4 <折れ線>をクリックし、

5 <マーカー付き折れ線>をクリックして、

6 <OK>をクリックすると、

7 マーカー付き折れ線グラフに変わります。

8 必要に応じて、グラフタイトルを変更します。

70 グラフのスタイルを変更する

ピボットグラフ全体のデザインを整えるには、＜グラフスタイル＞を変更します。グラフスタイルに用意されているスタイルを選ぶだけで、背景の色や棒のデザインなどが丸ごと変化します。

ピボットグラフを作成した直後のグラフも美しいですが、グラフ全体のデザインを変えると、グラフの印象が変わります。＜デザイン＞タブにある＜グラフスタイル＞には、手動で設定すると難しいグラフのデザインがいくつも用意されており、いろいろなデザインを試しながら選べるので便利です。

Before

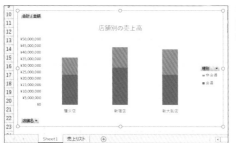

ピボットグラフ作成直後のデザインは後から変更できます。

After

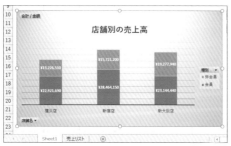

グラフの背景が灰色で、棒の中に売上金額の数値が表示されたデザインに変更します。

1 スタイルを選択する

1 ピボットグラフを
クリックし、

2 <ピボットグラフツール>-
<デザイン>タブをクリックして、

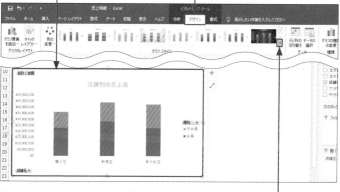

3 <グラフスタイル>の<その他>をクリックします。

4 変更後のスタイルをクリックすると、

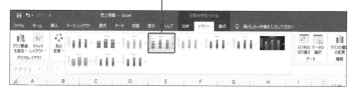

5 ピボットグラフのスタイルが変わります。

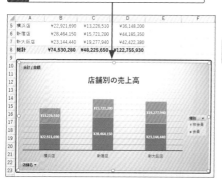

	A	B	C	D	E	F
5	横浜店	¥22,921,690	¥13,226,510	¥36,148,200		
6	新宿店	¥28,464,150	¥15,721,200	¥44,185,350		
7	新大阪店	¥23,144,440	¥19,277,940	¥42,422,380		
8	総計	¥74,530,280	¥48,225,650	¥122,755,930		

Memo

グラフの色を変更する

<ピボットグラフツール>-
<デザイン>タブの<色
の変更>を使うと、棒の
色や折れ線の色などをま
とめて変更できます。

71 グラフのレイアウトを変更する

ピボットグラフのタイトルや凡例などの各要素のレイアウトを指定するには、<クイックレイアウト>を変更します。用意されているレイアウトを選ぶだけで、各要素の位置が瞬時に変化します。

グラフは「グラフエリア」「凡例」「グラフタイトル」など、いくつもの要素で構成されています。これらの要素の何をどこに配置するのかをパターン化したものが「クイックレイアウト」です。パターンにマウスカーソルを合わせると、レイアウトを適用した結果を一時的に確認できるので、グラフの目的を伝えるのに最適なレイアウトを選びましょう。

Before

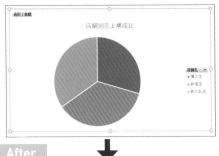

円グラフの割合をパーセンテージで表示するレイアウトに変更します。

After

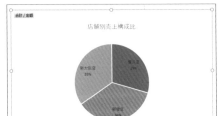

円グラフに店舗名とパーセンテージを追加しました。

1 レイアウトを選択する

1 ピボットグラフをクリックし、

2 <ピボットグラフツール>-<デザイン>タブをクリックして、

3 <クイックレイアウト>をクリックします。

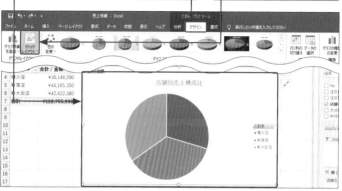

4 変更後のレイアウトをクリックすると、

5 ピボットグラフのスタイルが変わります。

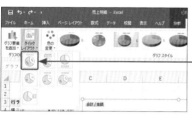

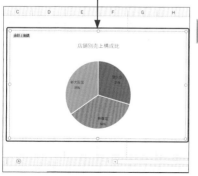

StepUp

要素を個別に追加できる

<ピボットグラフツール>-<デザイン>タブにある<グラフ要素の追加>→<データラベル>を使って、手動でパーセンテージや凡例を追加することもできます。

72 ドリルダウンで詳細なグラフを表示する

Sec.45で解説したピボットテーブルのドリルダウンと同様に、ピボットグラフでもドリルダウンが可能です。ここでは、店舗別の売上金額の詳細（会員か非会員か）を探ります。

1 詳細データを表示する

ここでは、3店舗の売上金額の中で、「会員」と「非会員」のどちらが利用したのかを分析します。

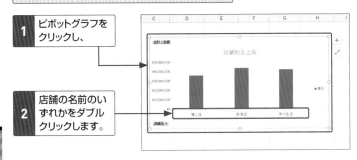

1	ピボットグラフをクリックし、

2	店舗の名前のいずれかをダブルクリックします。

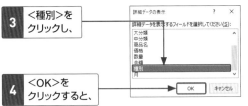

3	<種別>をクリックし、

4	<OK>をクリックすると、

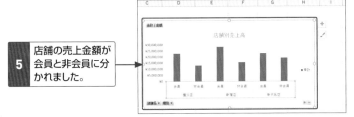

5	店舗の売上金額が会員と非会員に分かれました。

付録

困ったときのQ&A

Section Q1 「そのピボットテーブルのフィールド名は正しく
ありません」と表示された

Section Q2 「データソースの参照が正しくありません」と表示
された

Section Q3 「現在選択されている部分は変更できません」と
表示された

Section Q4 「選択対象をグループ化することはできません」
と表示された

Section Q5 セル内の改行を関数で削除するには

Section Q6 不要な空白を関数で削除するには

Section Q7 文字の全角・半角を関数で統一するには

「そのピボットテーブルのフィールド 名は正しくありません」と表示された

リストを元にピボットテーブルを作成しようとすると、「そのピボット テーブルのフィールド名は正しくありません」と表示される場合が あります。その原因と対処方法を確認しましょう。

Sec.07で解説したように、ピボットテーブルの元になるリストはルールに 沿って作成します。リストの先頭行の見出しのセルが部分的に空白になっ ていたりセルが結合されていたりすると、ピボットテーブルを作成できずに、 「そのピボットテーブルのフィールド名は正しくありません」と表示されます。

Before

リストの見出しの一部のセル（C1セル）が空白のままピボットテーブルを作成 すると・・・

After

> ⚠ そのピボットテーブルのフィールド名は正しくありません。ピボットテーブル レポートを作成するには、ラベルの付いた列でリストとして構成されたデータを使用する必要があります。ピボットテーブルのフィールド名を変更する場合 は、フィールドの新しい名前を入力する必要があります。
>
> OK

「そのピボットテーブルのフィールド名は正しくありません」と表示されます。

1 見出し行の空白のセルをなくす

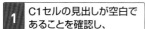

1 C1セルの見出しが空白であることを確認し、

2 リスト内をクリックして、

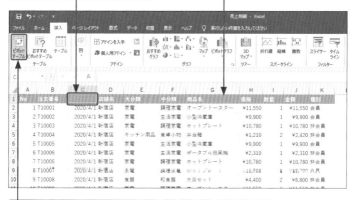

3 <挿入>タブの<ピボットテーブル>をクリックします。

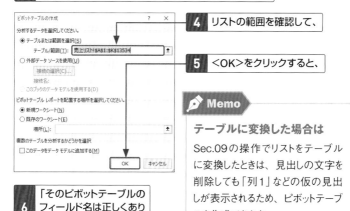

4 リストの範囲を確認して、

5 <OK>をクリックすると、

📝 Memo

テーブルに変換した場合は

Sec.09の操作でリストをテーブルに変換したときは、見出しの文字を削除しても「列1」などの仮の見出しが表示されるため、ピボットテーブルを作成できます。

6 「そのピボットテーブルのフィールド名は正しくありません」と表示されます。

Microsoft Excel ×

⚠ そのピボットテーブルのフィールド名は正しくありません。ピボットテーブル レポートを作成するには、ラベルの付いた列でリストとして構成されたデータを使用する必要があります。ピボットテーブルのフィールド名を変更する場合は、フィールドの新しい名前を入力する必要があります。

OK

7 <OK>をクリックし、C1セルの見出しを入力してからピボットテーブルを作り直します。

Q2 「データソースの参照が正しくありません」と表示された

リストを元にピボットテーブルを作成しようとしたときやあとから更新したときに、「データソースの参照が正しくありません」と表示される場合があります。その原因と対処方法を確認しましょう。

「データソースの参照が正しくありません」と表示される原因として、ピボットテーブルの元のリスト範囲が空欄だったり間違っていたりする可能性があります。このようなときは、リスト範囲を正しく指定してから操作を続けます。なお、あとからリストの範囲を確認・修正するには、<ピボットテーブルツール>-<分析>タブの<データソースの変更>をクリックします。

Before

ピボットテーブルを作ろうとすると、「データソースの参照が正しくありません」と表示されます。

After

ピボットテーブルの元になるリストの範囲が空欄になっているのが原因です。

1 ピボットテーブルの元リストの範囲を確認する

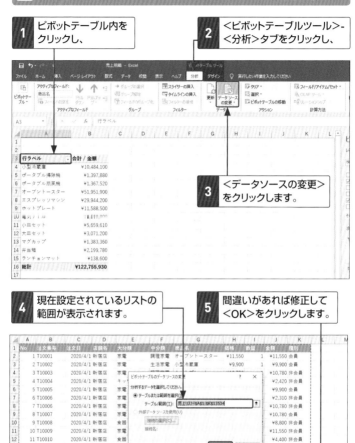

1 ピボットテーブル内をクリックし、

2 <ピボットテーブルツール>-<分析>タブをクリックし、

3 <データソースの変更>をクリックします。

4 現在設定されているリストの範囲が表示されます。

5 間違いがあれば修正して<OK>をクリックします。

StepUp

それでも解決しないときは

リスト範囲が正しく設定されているにも関わらず、「データソースの参照が正しくありません」のメッセージが表示されるときは、いったんピボットテーブルのシートを削除して、いちから作り直します。あるいは、新しいブックにリストをコピーしてからピボットテーブルを作り直す方法もあります。

Q3 「現在選択されている部分は変更できません」と表示された

ピボットテーブルの集計表のセルを編集しようとすると、「現在選択されている部分は変更できません」と表示されます。その原因と対処方法を確認しましょう。

ピボットテーブルで集計した結果を見ながら、データを修正しようとすると、現在選択されている部分は変更できません」と表示されます。これは、ピボットテーブルが元のリストを一時的に集計しているためです。ピボットテーブルの集計結果に直接データを入力することはできません。必ず、元のリストのデータを修正します。

Before

集計結果が表示された部分は、直接編集できない

ピボットテーブルの集計結果を修正しようとすると・・・。

After

「現在選択されている部分は変更できません」と表示されます。

1 ピボットテーブルの集計結果を修正する

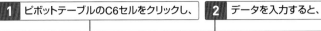

1 ピボットテーブルのC6セルをクリックし、

2 データを入力すると、

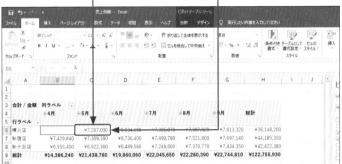

3 「現在選択されている部分は変更できません」と表示されます。

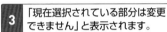

Microsoft Excel ×

⚠ ピボットテーブルで現在選択されている部分は変更できません。

OK ◄──── **4** <OK>をクリックし、

5 元のリストシートをクリックして、

6 該当セルを修正します。

	A	B	C	D	E	F	G	H	I	J	K
9550	9549	T24185	2020/9/30	新大阪店	家電	調理家電	オーブントースター	¥11,550	1	¥11,550	会員
9551	9550	T24186	2020/9/30	新大阪店	家電	調理家電	オーブントースター	¥11,550	1	¥11,550	非会員
9552	9551	T30001	2020/5/1	横浜店	家電	生活家電	小型冷蔵庫	¥9,900	1	¥9,900	非会員
9553	9552	T30002	2020/5/1	横浜店	家電	生活家電	ポータブル扇風機	¥2,310	1	¥2,310	会員
9554	9553	T30003	2020/5/1	横浜店	家電	調理家電	ホットプレート	¥10,780	1	¥10,780	会員
9555	9554	T30004	2020/5/1	横浜店	キッチン用品	食卓小物	弁当箱	¥1,210	4	¥4,840	会員
9556	9555	T30005	2020/5/1	横浜店	家電	生活家電	小型冷蔵庫	¥9,900	1	¥9,900	非会員
9557	9556	T30006	2020/5/1	横浜店	家電	生活家電	ポータブル扇風機	¥2,310	1	¥2,310	会員
9558	9557	T30007	2020/5/1	横浜店	家電	調理家電	ホットプレート	¥10,780	1	¥10,780	会員
9559	9558	T30008	2020/5/1	横浜店	食器	和食器	大皿セット	¥4,400	1	¥4,400	非会員
9560	9559	T30009	2020/5/1	横浜店	家電	調理家電	オーブントースター	¥11,550	1	¥11,550	会員
9561	9560	T30010	2020/5/1	横浜店	食器	和食器	大皿セット	¥4,400	1	¥4,400	非会員
9562	9561	T30011	2020/5/1	横浜店	食器	和食器	小皿セット	¥2,530	2	¥5,060	会員
9563	9562	T30011	2020/5/1	横浜店	食器	洋食器	マグカップ	¥1,760	1	¥1,760	会員
9564	9563	T30012	2020/5/1	横浜店	家電	調理家電	電気ケトル	¥8,580	2	¥17,160	会員
9565	9564	T30013	2020/5/1	横浜店	家電	調理家電	オーブントースター	¥11,550	3	¥34,650	会員
9566	9565	T30014	2020/5/1	横浜店	家電	調理家電	エスプレッソマシン	¥14,300	1	¥14,300	非会員
9567	9566	T30015	2020/5/1	横浜店	家電	調理家電	オーブントースター	¥11,550	1	¥11,550	会員
9568	9567	T30016	2020/5/1	横浜店	キッチン用品	食卓小物	弁当箱	¥1,210	1	¥1,210	非会員

Sheet 売上リスト ⊕

Q4 「選択対象をグループ化することはできません」と表示された

ピボットテーブルで日付のフィールドを月単位や年単位にグループ化しようとすると、「選択対象をグループ化することはできません」と表示されることがあります。その原因と対処方法を確認しましょう。

Sec.30やSec.31で解説したように、元のリストに入力済みの日付のフィールドは、あとからピボットテーブルで集計単位を月や四半期、年などに変更できます。ただし、リストに入力した日付が文字列として入力されていると、「選択対象をグループ化することはできません」と表示されます。このようなときは、文字列を日付に変換します。

Before

リストのC列の<注文日>が文字列として入力されていると・・・

After

<ピボットテーブルツール> - <分析>タブの<グループの選択>をクリックしたときに、日付フィールドをグループ化できません。

1 文字列を日付に変換する

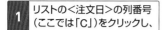

1 リストの<注文日>の列番号
（ここでは「C」）をクリックし、

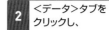

2 <データ>タブを
クリックし、

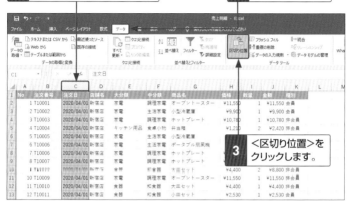

3 <区切り位置>を
クリックします。

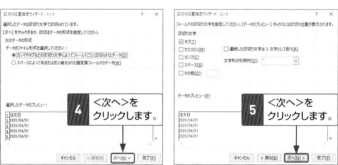

4 <次へ>を
クリックします。

5 <次へ>を
クリックします。

6 <列の形式>の
<日付>をオンにし、

7 <完了>を
クリックすると、

8 C列が日付データに変換できました。

9 日付の任意のセルをクリックすると、

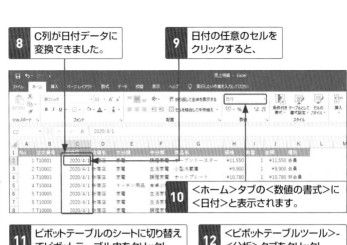

10 <ホーム>タブの<数値の書式>に<日付>と表示されます。

11 ピボットテーブルのシートに切り替えてピボットテーブル内をクリックし、

12 <ピボットテーブルツール>-<分析>タブをクリックし、

13 <更新>をクリックします。

14 任意の日付フィールドをクリックし、

15 <グループの選択>をクリックすると、

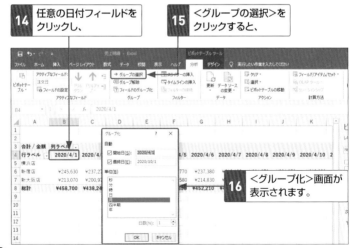

16 <グループ化>画面が表示されます。

218

Q5 セル内の改行を 関数で削除するには

セル内に不要な改行があると、ピボットテーブルで正しく集計できません。CLEAN関数を使うと、セル内にある不要な改行を削除できます。ここでは、大分類のセルにある改行を削除します。

1 CLEAN関数で改行を削除する

1 E列の大分類の右側に新しい列を挿入しておきます。

2 F2セルに「=CLEAN(E2)」と入力して Enter キーを押すと、

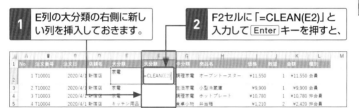

3 E2セルの改行が削除されます。

4 E2セルの右下の■にマウスカーソルを合わせてダブルクリックすると、

5 CLEAN関数がリストの最終行までコピーされます。

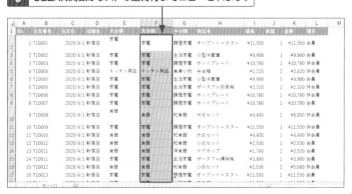

219

Q6 不要な空白を 関数で削除するには

TRIM関数を使うと、セル内の文字と文字の間の空白を1つだけ残して、それ以外の空白をすべて削除できます。ここでは、商品名の先頭にある空白を取り除きます。

1 TRIM関数で空白を削除する

1 G列の商品名の右側に新しい列を挿入しておきます。

2 H2セルに「=TRIM(G2)」と入力して Enter キーを押すと、

3 「 オーブントースター」の先頭の空白が削除されます。

4 H2セルの右下の■にマウスカーソルを合わせてダブルクリックすると、

5 TRIM関数がリストの最終行までコピーされます。

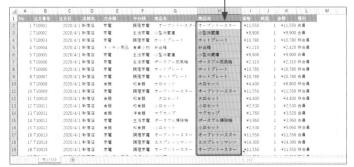

Q7 文字の全角・半角を 関数で統一するには

同じ商品を全角文字で入力したり半角文字で入力したりすると、異なるデータとして認識されます。ここでは、JIS 関数を使って、商品名の半角文字の「ｵｰﾌﾞﾝﾄｰｽﾀｰ」を全角文字に変換します。

1 JIS関数で半角文字を全角文字に変換する

1 G列の商品名の右側に新しい 列を挿入しておきます。

2 H2セルに「=JIS(G2)」と入力 して Enter キーを押すと、

3 半角の「ｵｰﾌﾞﾝﾄｰｽﾀｰ」が全角の「オーブントースター」に変わります。

4 H2セルの右下の■にマウスカーソルを 合わせてダブルクリックすると、

StepUp

全角を半角に変換する

全角文字を半角文字に変換するには、ASC 関数を使います。ASC 関数の書式は「ASC(文字列)」です。引数の文字列に全角文字を含む文字やセルを指定します。

5 JIS関数がリストの最終行まで コピーされます。

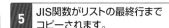

INDEX 索引

記号・アルファベット

Σ値	147
ASC関数	221
AVERAGE関数	164
CLEAN関数	219
INT関数	160
JIS関数	221
SUMIF関数	19
TRIM関数	220

あ行

アウトライン形式	168
値エリア	63, 66
値フィールド	59, 70
値フィールドの設定	70
値フィルター	123
印刷	180
印刷イメージ	180
印刷タイトル	180
インポート	112
エリアセクション	63, 72
オリジナルの計算式	158
オリジナルの順番で並べ替え	110
オリジナルの分類で集計	162
折れ線グラフ	202

か行

階層のある集計表	72
階層の展開	74
改ページ	182
カンマ記号	70
基準アイテム	152
基準値に対する比率	152
行エリア	63, 64
行と列の集計を行う	177
行と列の集計を行わない	177
行フィールド	59
クイックレイアウト	206
空白セル	40
空白セルに「0」を表示	174
グラフエリア	189, 194
グラフスタイル	204

グラフタイトル

グラフタイトル	189, 193
グラフの色	205
グラフの種類の変更	203
グラフのレイアウト	206
グループ	93
グループ解除	97
グループの名前	101
クロス集計	17
計算の種類	150
検索ボックス	63
合計	67
降順	106
降順での順位	156
更新	80
構成比	150
コンパクト形式	168

さ行

軸フィールドボタン	189
軸 (分類項目) エリア	189, 196
四半期単位で集計	94
集計アイテム	162
集計フィールド	158
集計方法	148
集計元のデータの追加	80
集計元のデータの変更を反映	84
集合縦棒グラフ	190
週単位で集計	94
重複の削除	46
順位	156
小計	178
小計を非表示	179
昇順	106
昇順での準位	156
数式	159
数値データのグループ化	104
スライサー	130
セル内の改行を削除	219
セルを結合して中央揃え	45
前月比	152
総計	165
総計を再表示	177